物理学史与物理学方法论

王小平　王丽军　寇志起　编著

机　械　工　业　出　版　社

本书主要介绍物理学的发展简史和物理学中的科学方法论，分为两大部分。

第一部分简单举例说明物理学如何改变了世界，简述物理学史并介绍人类自然观的发展历程，并相应地提及在此发展过程中自然科学（以物理学为主）各种方法简略的产生和发展过程。

第二部分是自然科学方法论（以物理学方法论为主）。这部分较详细地介绍自然科学特别是物理学中常用的各种方法，包括观察实验、科学抽象、自然科学中的基本逻辑方法、假说和理论、数学方法，以及控制论方法和系统方法等的产生与发展过程，并适当加入部分运用这些方法取得科研成果的案例。每种方法的发展与进步都与相应的自然科学史特别是物理学史不同发展时期的特点及由此引起的重大科学发现相对应。

本书可作为物理专业或者其他理工科专业本科生的通识课程教材，也可作为文科类本科生的课外阅读材料。

图书在版编目（CIP）数据

物理学史与物理学方法论/王小平，王丽军，寇志起编著.—北京：机械工业出版社，2019.9（2025.1重印）

ISBN 978-7-111-63549-9

Ⅰ.①物… Ⅱ.①王… ②王… ③寇… Ⅲ.①物理学史-世界②物理学-方法论 Ⅳ.①O4-091②O4-03

中国版本图书馆CIP数据核字（2019）第182112号

机械工业出版社（北京市百万庄大街22号 邮政编码100037）
策划编辑：张 超 责任编辑：张 超 任正一
封面设计：严娅萍 责任校对：张 力 郑 婕
责任印制：单爱军
北京虎彩文化传播有限公司印刷
2025年1月第1版第8次印刷
169mm×239mm · 9印张 · 179千字
标准书号：ISBN 978-7-111-63549-9
定价：32.00元

电话服务 网络服务
客服电话：010-88361066 机 工 官 网：www.cmpbook.com
010-88379833 机 工 官 博：weibo.com/cmp1952
010-68326294 金 书 网：www.golden-book.com
 机工教育服务网：www.cmpedu.com

前　言

人们在探索未知的自然规律时，总是要运用一定的研究方法。例如：天文学家为了探知天体变化及其发展的规律性，需要运用观测、比较等方法；物理学家为了探求物体的运动规律，需要运用实验、数学等方法；生物学家为了研究生物的种类，需要运用分类等方法。一些哲学家和自然科学家为了寻求更有效的研究方法，往往对研究方法本身进行分析研究，例如：亚里士多德对演绎法的研究，培根对归纳法的研究，希尔伯特对公理化方法的研究，维纳对控制论方法的研究等。因此，为了准确、迅速地认识自然界的客观规律，提高学生获取知识的效率，就需要了解有关自然科学（尤其是物理科学）方法论。

在科技迅猛发展的当代，高校的任务除了让学生掌握更多的专业知识外，如何培养学生具有良好的思维方式和思维习惯，如何能给学生提供一套更有效地获取知识的方法，从而能使其终身受益，已成为现代教育追求的目标。为实现以上目标，对理工科专业学生可以从较宏观的角度重新认识除物理学知识本身内容以外的东西，比如辩证的思维方式及物理学解决问题的方法，同时学习和运用这些物理学知识以外的“知识”来合理安排自己的精力和学习计划，做到学以致用，这不仅有利于提高学生的学习效率，同时也有助于培养理工科学生的综合素养。

本书是在使用多年的教学讲义基础上重新组织和梳理改编而成，主要包括两大部分：第一部分为物理学史与人类自然观的发展，主要阐述了物理学的重要性，简明地介绍了物理学史及人类自然观的发展过程。第二部分则较详细地介绍了各种自然科学（主要是物理学）方法的产生、发展以及每种方法各自的优缺点，同时指出综合应用各种物理学方法的重要意义。此外，为使本书能够浅显易懂，对书中涉及的方法论案例，我们尽可能地用比较熟悉的物理学知识来阐明，这样做便于略有一点物理学知识的人群接受，也使得本书的受众面会更广。

本书适用于物理专业及其他理工科专业本科生作为教材使用，也可作为文科类本科生的课外阅读材料。

编　者

目　　录

前　言

第一篇　物理学史与人类自然观的发展

第一章　改变世界的物理学 …………1
　第一节　世界为什么变化这么快 ……1
　第二节　物理学史在培养科学探究能力中的价值 …………4
　第三节　物理学史的分期 …………8
　第四节　物理学史上五次大的综合 ……9
第二章　人类自然观的发展 …………14
　第一节　古代朴素的自然观 …………14
　第二节　中世纪宗教神学的自然观 ……17
　第三节　机械唯物主义形而上学的自然观 …………20
　第四节　辩证唯物主义自然观 …………23

第二篇　自然科学方法论（以物理学方法论为主）

第一章　自然科学方法论的研究对象和意义 …………29
　第一节　什么是自然科学方法论 ………29
　第二节　自然科学研究方法简史 ………31
　第三节　学习和研究自然科学方法论的意义 …………34
第二章　观察和实验 …………37
　第一节　观察方法 …………37
　第二节　实验方法 …………42
　第三节　模拟方法 …………46
　第四节　科学仪器的作用 …………48
　第五节　理论思维对观察、实验的指导作用 …………51
　第六节　观察、实验中的机遇 …………53
第三章　科学抽象 …………57
　第一节　科学抽象及其意义 …………57
　第二节　科学概念 …………63
　第三节　理想化方法 …………66
第四章　自然科学中一些基本的逻辑方法 …………70
　第一节　比较和分类 …………70
　第二节　类比 …………75
　第三节　归纳和演绎 …………79
　第四节　分析和综合 …………84
　第五节　证明和反驳 …………89
第五章　假说和理论 …………95
　第一节　假说及其作用 …………95
　第二节　假说向理论的发展 …………97
　第三节　科学理论的基本特征及其发展 …………101
　第四节　逻辑的和历史的统一 ………104
　第五节　关于创造性思维 …………107
第六章　数学方法 …………112
　第一节　数学方法的重要意义 ………112
　第二节　关于提炼数学模型问题 ……115
　第三节　研究必然现象与或然现象的两类数学模型 …………116
　第四节　数学理论研究与应用 ………118
　第五节　公理方法的作用 …………120
　第六节　电子计算机与数学方法的革新 …………122
第七章　控制论方法和系统方法 ……125
　第一节　控制论产生的方法论启示 ……125
　第二节　功能模拟法 …………126
　第三节　信息方法 …………129
　第四节　系统方法 …………134
参考文献 …………140

第一篇　物理学史与人类自然观的发展

第一章　改变世界的物理学

第一节　世界为什么变化这么快[1,2]

20 世纪发生过两次世界大战，加上无休止的局部战争，直接和间接死于战火的人数达 1.6 亿，超过了以往人类历史上战争死亡人数的总和。一些新国家出现了，一些国家消失了，一些国家分裂或者合并了，社会千变万化，每一个变化的原因都十分复杂。但是从一百年的时间跨度看问题，从全球范围看问题，便可以看出，正如马克思在 19 世纪时指出的那样，生产力的发展是一种恒定的推动社会发展的基本动力。到了 20 世纪，科学技术更明显地表现出它是生产力中最活跃的起决定作用的因素。正如邓小平所强调的那样："科学技术是第一生产力"。科学技术是经济和社会发展的主要推动力量，是一个国家综合国力的决定性因素。

20 世纪中，物理学又被公认为科学技术发展中一门重要的带头学科，过去一百年中与物理学有关的重大科技发现或发明事件见表 1.1。

表 1.1　一百年来与物理学有关的科技上的重大发现和发明[1]

年份	事件
1895	发现 X 射线（伦琴）
1896	发现放射性（贝克勒尔）
1897	发现电子（J. J. 汤姆孙）
1898	提炼出钋和镭（居里夫人）
1900	量子论诞生（普朗克）
1901	发明无线电报（马可尼）
1905	建立狭义相对论 光的量子论（爱因斯坦）
1911	发现原子核（卢瑟福） 发现超导（昂内斯）
1913	建立原子模型（玻尔）
1915	建立广义相对论（爱因斯坦）
1925—1926	建立量子力学（海森伯，薛定谔）
1932	发现中子（查特维克）
1939	发现裂变（哈恩，斯特拉斯曼）
1942	第一个核反应堆建成（费米）
1945	原子弹爆炸（奥本海默等）
1946—1955	从电子管计算机到晶体管计算机
1947	发明晶体管（肖克莱，巴丁，布拉顿）
1957	人造卫星上天（苏联）
1958—1960	发明激光器（汤斯，肖洛，梅曼等）
1961	载人飞船上天（加加林）
1969	登月球（阿姆斯特朗等）
1970	光纤通信逐步实用化
1972—1978	研制成大规模集成电路计算机
1978	以后计算机（电脑）大量普及
1986	第一台透射电子显微镜设计（鲁斯卡） 第一台扫描隧道电子显微镜设计（比尼格，罗雷尔）
1987	发现高温超导（贝特诺兹，缪勒等）
1995	发现 τ 轻子（佩尔） 发现中微子（莱因斯）

（续）

1997	发明用激光冷却和捕获原子的方法（朱棣文，W. D. 菲利普斯，科昂·塔努吉）	2010	石墨烯材料（安德烈·海姆，康斯坦丁·诺沃肖洛夫）
2000	异层结构的快速晶体管、激光二极管开发（阿尔费罗夫，克罗默） 集成电路的发明（杰克·基尔比）	2012	发现测量和操控单个量子系统的突破性实验方法（塞尔日·阿罗什、大卫·维因兰德）
2009	光纤发明（高锟）。半导体图像传感器（CCD）发明（韦拉德·博伊尔，乔治·史密斯）	2014	蓝色发光二极管（LED）的发明（赤崎勇，天野浩，中村修二）
		2017	实验发现引力波（雷纳·韦斯，基普·索恩，巴里·巴里什）

从 X 射线、放射性和电子的三大发现开始，揭开了近代物理的序幕，也可以说是揭开了 20 世纪宏伟科技交响乐的序幕。今天每一个人都与电子器件打交道，电子是一百多年前在英国剑桥大学的卡文迪许实验室中被汤姆孙（J. J. Thomson，1856—1940）所发现，他测定了电子的"荷质比"（q/m）。今天的精密测定值是：

$$q = 1.602\ 177\ 33 \times 10^{-16}\text{C}$$

$$m = 9.109\ 389\ 7 \times 10^{-31}\text{kg}$$

从 1895 年第一张 X 光摄像片问世以来，这一新的医疗技术拯救了很多人的性命，放射性也在医疗和工农业各方面迅速获得广泛的应用。1901 年意大利工程师马可尼（G. Marconi，1874—1937）首次实现长距离的无线电报通信，其后迅速发展，目前人类已经掌握了先进的量子通信技术。今天，老式的数码式电报在大城市间的通信中实际上已被淘汰（除去国家之间礼节性拍送祝贺电报这类功能外）。

在理论上，20 世纪开始的一年——1900 年，恰好是量子论诞生的一年，普朗克（M. Planck，1858—1947）通过对黑体辐射的研究，在物理学中引进一个普适常数 h——普朗克常量：

$$h = 6.626\ 075\ 5 \times 10^{-34}\text{J} \cdot \text{s}$$

1905 年，爱因斯坦（A. Einstein，1879—1955）建立了狭义相对论和光的量子论，为物理学引进了第二个普适常数 c——光速：

$$c = 299\ 792458\text{m/s}$$

并推出了一个"质能关系式"，后被称为"改变世界的方程"：$E = mc^2$

很快地，经过 1911 年原子核的发现和 1913 年玻尔原子模型的建立，到 1925—1926 年，量子力学建立了。这时近代物理学发展到了高潮，并开始向其他学科和应用领域渗透和扩展。

实验上，继放射性和原子核的发现之后，中子和核裂变在 20 世纪 30 年代被发现，结合质能关系式的理论，科学家预言一种巨大的能量—原子核能（亦称原子能）可以从核内被释放出来。但与此同时人们马上又意识到——"科学技术是一把双刃的剑"。一方面，可用来发电的核反应堆做出来了；另一方面，由于第二次世界大战中同盟国对德、日、意法西斯国家作战的需要。人类制造了历史上杀伤力最惊人的武器——原子弹。即使是科技高度发达并和平利用原子能的今天也发生过像1986年苏联切尔诺贝利核电站和2011年日本福岛核电站的核泄漏事故而引起的核辐射灾难，以至于像德国这样的西方发达国家宣布在其国内的所有核电站设计寿命到期之后将永久关闭并放弃核能源的利用。

那么物理学研究的内容是什么呢，按传统的观点物理学是研究物质的组成、结构、物质间相互作用其运动规律的一门基础性学科，随着物理学本身的发展，物理学家的研究范围已涉及化学、生物等学科领域，以至于在重新提到“What is physics?”这个问题时，人们回答是：“Physics is that physicist do”。

以世界上一个规格很高的物理学术会议——国际统计物理学术会议为例。在1995年第十九届国际统计物理学术会议上，我们从到会的物理学家们发表的会议论文摘要中挑出一些看起来不太像物理学名词的词汇如[2]：

Bacterial growth（细菌生长），billiards（台球），
biological systems（生物系统），biological evolution（生物进化），
biological membranes（生物膜），blood viscosity（血液黏度），
cancer cell（癌细胞），cell membrane potential（细胞膜电势），
cell of chara（轮轴藻细胞），chemical bond disruption（化学键断裂），
cockroach（蟑螂），
cytochrome C（细胞色素C），
fitness optimization（适应性优化），fracture（断裂），
decay of extinction rate（物种绝灭的衰减），heredity（遗传特征），
how birds fly together（鸟如何在一起飞），heart rhythm（心率），
E1 Nino southern oscillation（厄尔尼诺南方振荡），erythrocytes（红血球），
Darwinistic mode of tree-like evolution（树状进化的达尔文模式），dephasing of coupled neural oscillators（耦合神经振子的退相），
drug-DNA system（药物DNA系统），living cell（活细胞），
storage of words（文字的存储），water erosion model（水土流失模型），
human brain cortex（人类大脑皮层），immune network（免疫网络），
lipid monolayer（类脂单层），meandering rivers（曲折的河流）
randomly branced polymers（无规分枝高分子），mitosis（有丝分裂）
neural networks（神经网络），noncoding DNA（非编码的DNA）
oxygen-limited combustion（限氧燃烧），phyllotaxis（叶序）
pattern formatin（斑图的形成），zeolite cage（沸石笼）
worm-like micelles（类虫胶束），viscous fingering（黏性指进）
protein structure prediction（蛋白质结构预测），rice pile（谷堆）
polypropylene（聚丙烯），polyblend（高分子共混物）

peptides and proteins（肽和蛋白质）， polymer brushes（高分子刷）polymerized membranes（高分子化膜），modeling morphology of cities and towns（城市的造型形态学），

sandpile model（沙堆模型）

randomly charged polymers（无规荷电高分子），traffic flow（交通流量）NO-CO catalytic reaction（NO-CO的催化反应），

potochemical systems in the atosphere（大气中的光化反应），

thermal denaturation of BPTI（碱性胰蛋白酶抑止素的热变质）

water nonionic-amphiphile solution（非离子两亲水溶液）。

我国著名物理学家赵凯华先生是这样评说的[2]：

今天的物理学已不可能用研究对象来界定什么是物理学。物理学是所有自然科学和工程技术的理论基础，物理学代表着一套获得知识、组织知识和运用知识的有效步骤和方法。把这套方法运用到什么问题上，这问题就变成了物理学问题。

现在有不少学物理的学生甚至研究生，毕业后不搞物理，按照我国传统的看法，这是“学非所用”，是人才培养上的失误和浪费，其实这应看作是正常现象，一个人学了物理学之后干什么都可以，他的物理学并没有白学。这不是我的话，是不少过去学了物理学后“改行”的学生对我说的。过去和现在都有不少物理系的学生是以日后“改行”为目的而先学物理学的，这是极有远见的做法。在我看来，对于学物理学的人无所谓“改行”。“天高任鸟飞，海阔凭鱼跃”。展望未来，学物理学的人是大有前途的[2]。

相对论、量子力学和核物理学是20世纪物理学的三大成就，对整个科学技术的发展起了巨大的推动作用。

今天，谁也不能否认：科学技术深刻地影响了经济、社会和国际政治面貌。今天的智能手机随时可以与远在千里之外的人进行视频聊天，可以通过手机随时监控自己家中的情况，仅用一部手机就可实现购物、乘车等功能，给我们的生活提供了极大的便捷。可以说，正是因为物理学以及与物理学相关的现代科技极大地改变了人们的生存状态和思维方式，才使我们这个世界变化得这么快。

第二节　物理学史在培养科学探究能力中的价值[3]

科学探究是物理学的本质特征之一；在物理教学中倡导以科学探究为中心的新理念，正是体现物理学的本质与促进学生科学素养发展相统一的要求，也是国际物理教育发展的共同趋势。那么，何谓科学探究呢？现代教育科学使用的“科学探究”一词往往具有两个层面上的含义：

一是科学探究活动；二是科学探究技能。

科学探究活动泛指一切独立解决问题的活动。人们通常所说的追根究底、好奇、好问，企图自己弄清事理，实际上是广义科学探究活动的日常表现。可以说，它既指科学家（泛指一切科学工作者）的专门研究，也指让学生像科学家研究科学一样学习科学知识，体验科学过程，熏染科学精神的活动。科学探究活动一般包括发现问题、猜想、设计研究方案、实验探究、总结结论、探讨反思及改进等程序。

探究技能是对学生能力方面的要求，是完成科学探究活动的基础与保证。一个有科学素养的探究者，必然要具有以下探究能力：

①根据情境提出问题的能力；②根据问题和条件，提出解决问题的假设的能力；③根据假设和条件，设计验证方法的能力；④观察与分析能力；⑤收集与处理信息能力；⑥概括总结的能力；⑦合作和交流的能力。

探究能力在人的一生发展中所起的作用是不言而喻的，正如物理学家劳厄所说："重要的不是获得知识，而是发展思维能力。教育给予人们的是当一切已学过的东西都遗忘掉的时候所剩下来的东西"。对于物理课程学习而言，"剩下来的东西"便是科学过程和科学方法，即科学探究的能力。

物理学史本质上是一门历史科学，它以人类与物理世界对话的历史为研究对象，融合了与物理学有关的自然科学以及与人类思想、社会历史发展有关的文史哲的多学科知识，是一门自然科学、人文科学、社会科学、思维科学紧密交叉相互渗透的综合学科。**通过描述物理学家探索科学的成功与失败、喜悦与懊悔、曲折与反复、分歧与争论，使受教育者科学思维得以训练，精神上受到感染，意志得到磨炼，正确理解人与社会、人与自然的关系，从而使心智得到和谐发展。由于物理学史内容的特点及它所具有的丰富教育因素，决定了它在培养学生科学探究能力中可以发挥独特的作用。**

1. 提高观察和分析问题能力

物理学是一门以实验为基础的科学，观察和实验既是研究物理学的基本方法，也是学习物理学的基本方法。物理学史描述了许多科学家善于从不被人注意的一些平常现象中，细心地观察与思考的事例。

比如德国著名物理学家伦琴在一次实验中，偶然发现距离包有黑纸的阴极射线管不到1米处的一块亚铂氰化钡材料做成的荧光屏发出闪光，他没放过这一个细小的现象；正是他这种观察能力、分析能力使他最终发现了X射线。在他之前，1800年哥尔茨坦也曾发现过这种现象，但他却以此来论证他的错误观点；1887年克鲁克斯曾发现过未知射线使他的照相底片变黑，他却以为是底片的质量问题造成的，并把底片退还给厂家；1894年汤姆生在测阴极射线的速度时，也有观察到X射线的记录。他当时却没有下功夫专门研究这一现象，只是在发表的论文中轻描淡写地提了一笔。还有英国牛津大学的物理学家斯密斯也曾观察到过 X 射线。

我们在了解物理学史知识的过程中认识到，注意观察和认真进行实验是学好物理学的关键。因此，在今后的学习中就要有目的地观察，亲自动手实验，逐步培养勤观察、勤思考的习惯，这种能力使我们在今后的学习和工作中将受益无穷。

2. 培养科学非逻辑思维能力

学习物理学既要使学生受到严格的逻辑思维的训练，又要使他们不把思维模式化、固定化；物理学史的特殊性恰恰具有这样的功效，因为通过物理学史的学习能进行非逻辑的反常思维训练。在通常的物理教学中，向学生讲述最多的是科学研究中理性的逻辑方法，而在实际的科学发现中，科学家们的创造性工作却常常带有浓烈的非理性、非逻辑的色彩。敢于突破前人的传统观念，常常是突破性发现的必要条件。物理学史中的大量事例，都可以揭示出科学创造的这一本质。例如，当安培提出分子电流假设时，人们还根本不了解分子的电结构；“电子”也是在此之后 70 多年才发现的。泡利在提出“中微子”假设，以及麦克斯韦的电磁波理论等这些重要发现并不是经验事实必然的逻辑结果。正是由于许多带有革命性的概念和理论并不是从已有的理论中逻辑地推演出来的，那么以纯粹的逻辑方式来讲授，不仅学生难以接受，而实际上也是不可能的。只有把它放到认识的历史长河中去，讲清它们的来龙去脉，并做出辩证的分析，才能使学生理解和接受。**学习物理学史，正是一种科学思维的训练，通过介绍人类揭开物理世界奥秘的探索历程，使学习者获得思维方式的某种升华。**

3. 培养质疑精神和提出问题的能力

在物理教学中，为了培养学生提出科学问题的能力，仅仅像通常所做的那样从内容的衔接上提出问题是远远不够的，必须从真实的物理学认识发展的历史进展中，展示物理学探索过程中问题背景的演化，阐明重大物理学问题产生的历史条件及其所导致的深远后果。**科学史上大量事例表明，不囿于传统理论和观念，不迷信权威和书本，是科学创造的思想前提。**众所周知，在爱因斯坦之前，洛伦兹和彭加勒已经走到相对论的大门口，只是由于未能摆脱绝对时空观的束缚，才没有最终迈入相对论的门坎。正是由于爱因斯坦抛开了“绝对运动”和“静止以太”的观念，并深刻地审察了“同时性”概念的物理学根据，才创建了狭义相对论，引起了人类时空观的巨大变革。同样，1956 年，当精确的实验结果把“e—r 疑难”尖锐地摆到物理学家们面前时，正是杨振宁和李政道敏锐地审察了从未被人怀疑的宇称守恒定律的适用范围，大胆提出了弱相互作用中宇称不守恒的假说，从而导致了物理学理论的一个突破性进展。**物理学中几乎每一个重大发现都表明，**

创造性思维活动起始于对困难或问题的认识，是围绕着解决问题展开的；批判的头脑和质疑精神，是打开未知科学大门的钥匙。

4. 学习和应用科学方法

拉普拉斯说：“认识一位天才的研究方法，对于科学的进步，并不比发现本身更少用处，科学的研究方法经常是极富兴趣的部分”。在物理学的长期发展中，确实创立了许多很成功且成熟的常规方法，如理想模型、理想过程、理想实验，这些可行的、近似抽象的方法促成了许多定律的发现。其他如观察和实验、分析和综合、归纳和演绎、类比和联想、猜测和试探、佯谬和反证方法、逻辑推理方法、科学假设方法、科学研究方法等。科学史上有科学大师们熟练而巧妙地运用这些方法取得重要成果的大量生动事例，利用这些事例可以对学生进行具体的科学方法的教育。

众所周知，伽利略在物理学史上占有重要地位，被后世誉为“近代科学之父”。这不仅与他在科学上的伟大成就有关，而且与他在科学方法上的革命性转变分不开。正是由于他在科学方法上的创新，引导自然科学走上了正确的道路。伽利略创立的科学实验方法，改变了从直观感觉或臆想出发纯粹逻辑地推演出结论的思辨方法，他强调对直观感觉材料要做理性分析，要由实验来做最后的检验。他非常重视观察和实验，并制造了望远镜对天体进行了观察；为了证实重物下落不比轻物快的结论，他亲自登上比萨斜塔做自由落体实验。此外，伽利略还把实验与理论思维紧密结合起来，形成一种新的方法——理想实验的方法，并用此法导致了惯性定律的发现。又如汤姆孙，他运用类比方法，把法拉第的力线思想转变为定量的表述，为麦克斯韦的工作提供了十分有益的经验。**通过物理学史的学习，使学生受到物理大师们用有效的方法，一步一步地掀开真理帷幕的那种科学创造的震撼与感染，从身临其境地参与感中获得科学方法论的升华。**

5. 引物理学史 培养合作和交流的能力

科学是全人类的事业和财富。任何一个科学概念的形成，每一个科学定律的建立，所有重大的科学发现，都是经过不同国家，一代乃至几代人的艰苦积累，汇聚和利用了许多人的研究成果才得以完成的。如劳伦斯发明回旋加速器相当于一座规模庞大的工厂，需要大量的工程技术人员、实验家和理论家协同工作。正如劳伦斯在他的诺贝尔物理学奖领奖词中说的：“从工作一开始就要靠许多实验室中的众多能干而积极的合作者的集体努力”，“不论从哪个方面来衡量，取得的成功都依赖于密切和有效的合作”。又如，牛顿的万有引力定律是在哥白尼、开普勒、伽利略、惠更斯、胡克等人研究的基础上，又经过牛顿长达20年的探索才得以完成的。从这些史料中我们可以看到，**科学是全人类的事业和财富。将这部分**

史料引入课堂，以强化学生们的合作意识，培养学生的合作精神、集体精神，善于与他人相处，尊重他人、信赖他人，建立和谐的人际关系；只有这样，才能在将来的工作环境中发挥更大的作用。

6. 引物理学史 提高收集信息、分析数据、概括结论的能力

科学的发展永远是曲折的，每一项重大的发现都需要科学家无数次的实验，这期间需要他们不断地收集信息，从复杂、繁琐的数据中提炼出科学结论。例如爱迪生的成就不是一蹴而就的，是经过大量的信息收集和一次次的实验失败换来的。爱迪生研究电灯先后经过了30年，其主要工作是寻找做灯丝的材料。他曾经用了7600种材料进行了实验，但每一次灯丝都经过很短的时间就烧毁了，实验都失败了。直到1879年10月一天，爱迪生在一本杂志上看到斯旺用碳丝制成白炽灯的报道后深受启发，用棉线烧成碳丝居然45小时没有烧毁。受到激励后他继续研究，最终采用了碳化的竹子纤维作为灯丝材料并获得了持续时间高达1200小时的发光记录。可以说他的成功秘诀在于他重视收集资料，同时斯旺的发现也对他的成功起了很大的作用。还有库仑定律的建立，牛顿万有引力定律的产生无不是科学家收集信息，独立思考的结果。牛顿曾说：我的成功是站在巨人的肩膀上的。在物理教学中要充分利用这些物理学史内容，提高学生收集与处理信息的能力，分析数据、概括结论的能力。

7. 引物理学史 提高解决问题的预测与猜想的能力

对某一事物结果的预测与猜想是进行科学创新的思想前提；对问题的大胆预测是打开科学大门的钥匙；物理学中几乎每个重大的发现都证明了这一点。众所周知，1862年麦克斯韦根据自己已有的实验研究结果从理论上猜测并预言了电磁波的存在，但是由于当时实验条件的限制无法证明。在麦克斯韦预言电磁波存在的15年后，德国物理学家赫兹利用实验成功地收到并发射了电磁波，证实了电磁波的存在。此外诸如原子模型的建立、爱因斯坦的相对论的建立、反粒子的提出等，都是不囿于传统理论和观念，先有大胆的“猜想”，然后再设法通过实验来验证其真伪。**为此在教学中教师应鼓励学生在平时分析解决一些问题时，将大胆“猜想”和缜密论证相结合，在一些概念、定律、理论的教学时尽可能穿插介绍一些物理学史内容，并阐明创新始于对问题的猜想与置疑。**

第三节　物理学史的分期

对于物理学史的分期问题，处理方法各有不同，按一般的分期方法，把物理学史分为三个时期。

1. 古代时期（公元1600年以前）

这是物理学的萌芽时期。大体上是在文艺复兴时期，即我国明末以前，这个时期我国和希腊成为了东西方两个科学技术发展中心。当时物理学还没有从哲学中分化出来，人们对自然的认识主要通过直觉的观察和哲学的思辨。在这一时期中国科学技术取得了辉煌的成就，走在了世界的前列。

2. 经典物理学时期（公元1600—1900年）

这个时期内建立了以系统的观察实验和严密的数学推理相结合的研究方法，形成了比较完整的经典物理学体系。这一时期又可分成三个阶段：17世纪为经典物理学创建阶段；18世纪为消化发展阶段；19世纪为鼎盛阶段。

3. 现代物理学时期（20世纪至今）

这是物理学革命的时期，19世纪末物理学上一系列重大发现使经典物理理论体系发生危机，引起了物理学的革命。相对论与量子力学的建立完成了从经典物理学到现代物理学的转变，并导致许多新学科的飞速发展，使得实验手段、数学工具和逻辑推理方法等都得到了极大的提高和发展。

第四节　物理学史上五次大的综合

第一次是牛顿力学体系的建立，实现了天上力学和地上力学的综合与统一

17世纪，伽利略研究地面上物体的运动，打开了通向近代物理学的大门。牛顿“站在巨人们的肩膀上”，把地面上物体的运动和天体运动统一起来，揭示了天上地下一切物体的普遍运动规律，建立了经典力学体系，实现了物理学史上第一次大综合。

简介：

1. 哥白尼

著名的波兰天文学家尼古拉·哥白尼（1473—1543）提出日心体系的新学说，是自然科学向神学的第一次严正挑战，标志着自然科学从神学中解放出来的一次革命。恩格斯称它为“自然科学的独立宣言”。

哥白尼的基本思想：①太阳是宇宙的中心，行星都围绕着太阳运转。②地球是运动的，它是绕着太阳运转的普通行星，它本身还在自转。③月亮是地球的卫星，一个月绕地球一周，就像卫士一样，地球带着月亮一起绕太阳运动。④行星

在太阳系中排列的顺序是：离太阳最远的是土星，三十年绕太阳一周；其次是木星，十二年绕太阳一周；然后是火星，两年绕太阳一周；第四是地球和月亮，一年绕太阳一周；第五是金星，九个月绕太阳一周，离太阳最近的是水星，八十天绕太阳一周。恒星在远离太阳的一个天球面上静止不动。

2. 第谷和开普勒

有“星学之王”美称的丹麦天文学家、天文观测大师第谷把天文观测精确度提高到一个新的水平，远远超过前人的几十倍到几百倍，并积累了大量的观察数据资料。开普勒从这些浩若烟海的数据中总结出了规律，提出了开普勒行星运动三定律。

- 第谷善于观测而不善于思索，开普勒则善思索而不善于观测，他们各有所长各有所短，结合起来，取长补短，就导致科学发现的重大突破。
- 开普勒的第一定律否定了圆形轨道论；第二定律否定了匀速运动；第三定律建立了各行星之间的联系。

开普勒的惊人成就，是证实下面这条真理的一个特别美妙的例子，这条真理是：知识不能单从经验得出，而只能从理智的发明同观察到的事实两者的比较中得出。**这就是说，科学发现的两大武器，即观察实验和抽象思维的理论创造是缺一不可的，必须把两者结合起来才行。**

开普勒是用数学公式表达物理定律最早获得成功的人之一。从他的时代开始，数学方程就成为表达物理学定律的基本方式，为经典力学的建立，立下了不可磨灭的功勋。

3. 伽利略

伽利略是在1610年用自制的垂轴放大率达32倍的天文望远镜指向天空进行观测，发现了月球表面有像火山口那样的环形山，同地面结构相似。他发现了金星的周相变化，木星有四个卫星，银河是无数发光体的总汇，土星有多变的椭圆外形等等。他发现月球与其他星球所发的光都是太阳反射的光。太阳的表面上存在着黑子，黑子还有规律地变化着。他判断太阳以二十七天左右的周期转动（太阳在自转）。**伽利略所观测到木星有四颗卫星和金星的周期变化有重要意义，它否定了古代关于游动的天体只有七个的断言，这是对哥白尼的重要支持。**

伽利略的主要功绩之一，是把哥白尼、开普勒所开创的新世界观加以证实和普遍宣传，并以自己在教庭下的牺牲唤起了人们对日心说的公认。

伽利略非常重视观察和实验，在观察和实验的基础上提出假说，再用数学分析和逻辑推理证明假说，最后用实验验证理论的正确。概括起来就是实验-数学推理方法，这一方法，在伽利略以后很多年代里为很多人所重视。爱因斯坦和英费尔德在《物理学的进化》一书中评论说：“伽利略的发现以及他所应用的科学推理方法是人类思想史上最伟大的成就之一，而且标志着物理学的真正开端”。

- 哥白尼的日心说经过布鲁诺、开普勒和伽利略等人的工作，到了 17 世纪几乎被所有的科学家所接受。
- 伽利略的实验-数学推理方法为广大的科学家所接受和发展。
- 涌现出大批科学家和大批实验室。

4. 牛顿（1642—1727）

英国伟大的数学家、物理学家、天文学家和自然哲学家。**牛顿取得成功的历史条件和个人工作特点。**

- **在自然科学史上，牛顿完成了理论上的第一次大综合，他借助于万有引力定律，创立了天体力学；借助于光的色散等方面的研究创立了光学；借助于流数而创立了微分学；借助于牛顿运动三定律创立了经典物理学。在自然科学史上，没有一个人开创了这么多学科。**
- 开普勒的行星运动三定律和惠更斯向心加速度公式及胡克平方反比的猜测为牛顿发现万有引力做了准备；伽利略、笛卡儿、惠更斯等人对力学的研究为牛顿建立三定律及一些重大的推论做了准备；牛顿创立的微积分就是在研究笛卡儿解析几何时受到了启发，菲涅耳和笛卡儿发现了光的折射定律，格里马第发现了衍射现象和干涉现象，玻意耳、笛卡儿和胡克等人对物体的颜色理论都做了许多工作，这些为牛顿的光学理论做了准备。上述各项成果急需给以总结，形成统一的科学体系，牛顿顺应形势，完成了人类对自然科学的第一次大综合。
- 和牛顿同时代的惠更斯，他主张光的波动说，认为光是在“以太”中传播的波。
- 提出次波原理：惠更斯原理。

惠更斯原理虽然能够解释不少光学现象，但他的波动说是比较粗糙的，又错误的认为光是一种纵波，因此他还摆脱不了几何光学的观念。

牛顿所说的“巨人”

法国的笛卡儿（1596—1650）、费马（1601—1665）、帕斯卡（1623—1662）、马略特（1620—1684）、荷兰的惠更斯（1629—1695）、德国的莱布尼茨（1646—1716）、格里凯（1602—1686）、英国的玻义耳（1627—1691）、胡克（1635—1703）和哈雷（1656—1742）等。

第二次是经典热力学和统计物理学的建立，实现了机械运动、热运动、电运动等不同运动形式的综合与统一

18 世纪，经过迈尔、焦耳、卡诺、克劳修斯等人的研究，经典热力学和经典

统计力学正式确立，从而把热与能、热运动的宏观表现与微观机制统一起来，实现了物理学史上的第二次大综合。

第三次是电磁理论的建立，实现了电、磁和光现象的综合与统一

19 世纪，麦克斯韦在库仑、安培、法拉第等物理学家研究的基础上，经过深入研究，把电、磁、光统一起来，建立了经典电磁理论，预言了电磁波的存在，实现了物理学史上第三次大综合。

至此，经典力学、经典统计力学和经典电磁理论形成了一个完整的经典物理学体系，一座金碧辉煌的物理学大厦巍然耸立。

19 世纪的最后一天，欧洲著名的科学家欢聚一堂。会上，英国著名物理学家 W. 汤姆孙（即开尔文男爵）发表了新年祝词。他在回顾物理学所取得的伟大成就时说，物理大厦已经落成，所剩只是一些修饰工作。**然而它的美丽而晴朗的天空却被两朵乌云笼罩了：**

第一朵乌云："以太说"破灭；

第二朵乌云：黑体辐射与"紫外灾难"。

第四次是相对论的建立，实现了低速运动和高速运动下物理规律的综合与统一

寻找以太的零结果是爱因斯坦创立了现代物理大厦之一：相对论。

第五次是量子力学的建立，实现了连续性与不连续性（量子性）的综合与统一

热辐射的紫外灾难的解决，普朗克等人建立了现代物理大厦之二：量子论。

普朗克、爱因斯坦和玻尔提出的量子论统称为旧量子论。它是在经验的基础上提出的一个半经典理论，还未构成一个完整的理论体系，它还无法解释一些复杂问题。

量子力学的建立才获得了实质性的突破。它提出了一种全新的概念和处理系统，奠定了微观世界的理论基础，量子力学的建立过程是沿着两个方向进行的。一个方向是由德布罗意（1892—1987）提出物质波的概念，确定了实际物质的波粒二象性，薛定谔（1887—1961）发展了这种思想，建立了波动力学；另一个方向是海森堡（1901—1976），玻恩（1882—1970）等人在玻尔对应原理的基础上，运用数学的矩阵方法，创立了矩阵力学。后来狄拉克（1902—1984）又提出了变换理论，用一种简洁的运算表示形式，证实了波动力学和矩阵力学的等价性，使量子力学的描述更加系统和完备。

当前，物理学在研究自然界四种相互作用（万有引力，电磁力，强相互作用力，

弱相互作用力）的不断统一理论上，将面临着又一次，即第六次新的大综合。

回顾与总结—以光学的发展为例。

光的现象→光的直线传播，光的传播速度，光的反射，光的折射

↓

光的微粒说

↓

光的波动说→光的干涉，光的衍射

↓

光的电磁说→电磁波谱，光谱

↓

光的波粒二象性

↓

?

第二章 人类自然观的发展[4]

历史上的自然观形形色色，要对人类自然观的发展有一个大概的了解，可选择几个典型。

在古代，有自发唯物主义、朴素辩证法的自然观。在中世纪，有唯心主义、宗教神学的自然观。15世纪到18世纪，西方国家先后进入资本主义社会，自然科学处于搜集材料、研究既成事物的阶段，与近代自然科学发展前期这一特点相适应，形成了形而上学的、机械唯物主义的自然观。19世纪，随着各门自然科学迅速发展，揭示了自然界各领域内部以及各领域之间一系列的内在联系，自然科学本质上已经成为一门整理和研究材料的科学，也就是从经验科学变成了理论科学。人们从研究既成事物的现状，进入到研究事物的过程和发展，特别是近代自然科学的三大发现，能量守恒与转化定律、细胞学说和达尔文的生物进化论，揭示了自然界本身的辩证性质，形而上学的自然观已经成为不可能的了。辩证唯物主义自然观，在科学的进步、生产的发展及社会的变迁中诞生、成长。

当然，辩证唯物主义自然观也许并不是人类对自然界认识的最后一环，而是不断摆脱历史的局限，开始了人类认识自然界的新的系列。因此，**辩证唯物主义自然观不是封闭的终极理论，而必将在今后的实践中，在自然科学理论不断更新的基础上，继续丰富、充实和发展。**

第一节 古代朴素的自然观

公元前7世纪到公元5世纪之间，先是埃及、巴比伦，后是希腊、罗马，处于奴隶制社会时期。由于城市的兴起，商业的发展，手工业与农业的分离，生产水平有了一定程度的提高。**整个古代，自然科学只限于天文学、数学和力学，与此相适应，产生了古代朴素的自然观。**当时还没有精密的科学实验，更谈不上独立的自然科学，自然科学是同哲学结合在一起的，古代的哲学家往往同时又是自然科学家。因此，**古代人的自然观，只能基于感觉的直观。**

在古代，无论是我国还是希腊，都存在原始的自发唯物主义和朴素辩证法的自然观。古代哲学家善于从直觉出发，从总体上观察自然界。因此，**他们“十分自然地把自然现象无限多样性的统一看作是不言而喻的，并且在某种具有固定形体的东西中，在某种特殊的东西中去寻找这个统一”。**

在中国古代，有人把“五行”看作是组成万物的五种本原。“五行：一曰水，二曰火，三曰木，四曰金，五曰土。以土与金、木、水、火杂之，以成百物”。殷周之际，又有人把天、地、雷、火、风、泽、山、水八种东西作为构成世界的基本物质。在古希腊哲学家那里，对万物的本原也持有不同的说法。泰勒斯说是水，阿那克西米尼说是空气，赫拉克利特说是火。亚里士多德在归纳他以前哲学家的思想时说：“有一个东西，万物由它构成，万物最初从它产生，最后又复归于它，它作为实体，永远同一，仅在自己的规定中变化，它就是万物的元素和本原。”因此他们认为，没有一个物能生成或消灭，因为同一个自然界永远保存着。留基伯与德谟克利特进一步提出原子是本原，并且把原子称为元素，还声称：“从元素中产生无数的宇宙，而宇宙又分解成元素”。他们相信宇宙间万物都是原子组成，而原子是不可分的物质，无数的原子在虚空中永远运动着，它们既不能创造，又不能毁灭。这种宇宙均由物质构成，而物质既不能产生也不能消灭的思想，虽无严密科学加以证明，但却是光辉的、天才的自然哲学的直觉。之后，伊壁鸠鲁继承并且发展了德谟克利特的原子论，认为原子不仅有大小和形态上的不同，而且有重量的不同。“他已经按照自己的方式知道原子量和原子体积了”。古希腊的原子论认为万物都由原子构成，原子以外都是虚空。而中国古代的思想家，却提出了元气学说，认为世界万物都由连续形态的物质元气所构成，元气“聚则成形”，“散而归之太虚”。由宋钘、尹文提出的一种精气学说，最早见于《管子·内业》，该篇曾指出：“凡物之精，比则为生。下生五谷，上为列星”。物的精气，结合起来就生成万物。在地下生出五谷，在天上分布许多星。宋、尹的精气说到后来经过唯物主义思想家荀况、王充、柳宗元等人的发展，形成了万物由阴阳二气组成的元气学说，这是中国古代朴素自然观的杰出成就。它不仅天才地猜测了宇宙的本原，而且强调了阴阳的对立统一；与古希腊哲学家的“原子”思想相辉映，中国古代哲学家却注意到了物质的连续性而且摆脱了把世界的本原归结为物质的特殊形态的局限，开始从一般的特点来把握世界的本原。

古代朴素的自然观，除了在世界本原问题上有着鲜明的唯物主义倾向外，还闪耀着不少朴素辩证法思想的光辉，这是古代朴素自然观的第二个基本特点。最突出的是两个方面。一是认为世界或者构成世界的本原都处于运动变化和发展之中；二是看到自然界矛盾的两个方面，而且把这对立双方的斗争看作事物发展的动力。譬如中国的“五行”说，就认为五个物质元素是可以相互转化的，不是固定不变的。而阴阳两气，则是对立统一的两个方面，在《易经》中已经把复杂纷纭的事物概括为阴和阳这一对基本范畴，探索着自然界发展的内在原因。这个思想，对中国人的自然观有深远的影响。在中国古代，有些唯心主义的思想家，如道家的老子也提出了朴素辩证法的思想。他看到自然界中事物的两重性和相互转化，指出：“草木之生也柔脆，其死也枯槁。”意思是植物的幼苗虽然柔弱，但它能从柔弱中壮大；但是，等到壮大了，反而接近死亡。他又说：“天下莫柔弱于水，而攻坚强者莫之能胜。”正确地指出了水的两重性。老子还概括了当时的社会现象和自然现象，推测出事物无不向着它的对立面转化的基本规律，提出了“反者道之动”的著名命题。在古希腊，也表现出天然纯朴的辩证思维性质。比如，阿那克西曼德猜测：“人是由一种鱼变成”。这种推测虽属唐突，却包含了生物进化的萌芽。毕达哥拉斯认为：“宇宙的组织在其规定中通常是数及其关系的和谐的体系”。尽管数的本原说带有浓厚的唯心色彩，但却把宇宙的规律性明确地表达出来。毕达哥拉斯派还把地球看作沿轨道环绕宇宙中心的火团在运行的一颗星，这毕竟是地球运行的可贵推测，到了公元前270年，阿利斯塔克已经提出地球围绕着太阳运动的学说了。……就整个自然界的变化过程而言，赫拉克利特做了认真的研究，古代希腊朴素的辩证思维也是由他第一次明白地表述出来：一切都存在，同时又不存在，因为一切都在流动，都在不断地变化，不断地产生和消灭。他形象地做了一个比喻：**“万物皆流，万物常在”**“人不可能再次进入同一条河流”，而“太阳每天都是新的”。他从直观出发，把整个世界比作一团“活火”，他说：**“世界是包括一切的整体，它不是由任何神或任何人所创造的，它过去、现在和将来都是按规律燃烧着，按规律熄灭着的永恒的活火”。列宁认为这一段话是“对辩证唯物主义原则的绝妙的说明”。**赫拉克利特不仅承认自然界是发展、变化着的，而且认为事物内部都存在矛盾，矛盾的统一和斗争就是事物运动的原因。他说：“相反的东西是相承的，不同的音造成最美的和谐，一切都是斗争所产生的”。关于自然界，他说：“自然也爱对立，它是用对立来产生和谐，而不是用相同的东西。”这些出色的论述虽然都出自于对自然界的直观观察，却包含了大量积极、合理的成分，所以赫拉克利特被列宁誉为“辩证法的奠基人之一”。

古代朴素的自然观，虽然看到了自然界的总画面，在本质上是正确的，但却并不是什么和谐的体系，其内部包藏着分裂的种子。老子的“道”（与“绝对精神”类似的、先于自然界存在的东西）和毕达哥拉斯的“数”，都被看作是世界的本原，这种先于物质世界而独立存在的精神的东西，是与中国古代的“五行”说、赫拉克利特的“活火”说相对立的。以后，在希腊又有以德谟克利特为代表的朴素唯物主义的“原子”论和以柏拉图为代表的客观唯心主义的“理念”论的对立。古代思想家在自然观上的斗争一直十分尖锐。

古代朴素的自然观把自然界看作是一个物质的，相互联系的、不断变化的整体，这是非常可贵的。但是由于古代人还没有条件对自然界的各个局部进行深入的认识，还没有可能进行分门别类地研究，因此，在他们看来，这个整体是一个笼统的、模糊的整体。这样概括出来的自然界东西只能大体上说明世界，而不能科学地、具体地说明自然界的发展。譬如赫拉克利特的“活火”说，无法说明动、植物生长发育的规律，也不能用“活火”来解释无机物的变化，只能笼统地说：由火变成万物，由万物回到火，把自然界的运动看成是一个圆圈式的循环。而中国古代哲学家们的“元气”说，既不能解释具体的自然物如何从“元气”变化过来，更谈不上在天体起源和生命现象中“元气”的作用，只能模糊地说：“独阴不生，独阳不生，独天不生，三合然后生”。因此，**古代朴素的自然观有着很大的历史局限性。**

人类认识自然界的历史进程中，必然要经历朴素自然观这一阶段，但人的认识发展也必然地推动和要求超越这个对自然界直观的认识阶段。历史总走着曲折的道路。在古代，由于自然科学还非常幼稚，还没有进步到对自然界的解剖、分析，自然现象的总联系还没有在细节方面得到证明，古代朴素的自然观所固有的缺陷，使得人们在此之后必须屈服于另一种观点：起初被神学的自然观所冲击，继而被形而上学的自然观所代替。

第二节　中世纪宗教神学的自然观

欧洲的封建社会从 5 世纪到 17 世纪延续了一千多年，其间从 5 世纪到 15 世纪通常称为中世纪。早在 3 世纪初，即在希腊人被罗马人征服之后，基督教在社会上日益占据统治地位，进入中世纪，这种宗教就逐渐成为统治一切的力量。在欧洲，进入封建社会，从社会形态来看固然是个进步，但是在自然观上却是个倒退。思想发展史中出现暂时的倒退，更说明了思想进程的曲折性和思想斗争的复杂性。

古代朴素的自然观用原子（或其他物质元素）和物质运动勾画出生机勃勃的自然界画面，到了中世纪，却成了一幅不堪入目的天堂地狱宇宙图，即：

1）自然界不是物质的，也不是由物质元素演化而来，而是从虚无中被创造出来，上帝创造万物之际，也就是世界被开创之时。地球是宇宙不动的中心，周围充满空气、以太和火的几层同心圈，这些圈里有恒星、太阳，月亮和五大行星，天堂在最高的苍穹，地狱就在我们的脚下。

2）自然界的万物不会也不能自己运动，都是受动的，然而，运动的原因被追溯到最后，就会找到一个非受动的始动者，这就是上帝。

3）事物在始动者的推动下运动，运动又服从于造物主的目的，鱼适于水中生活，鸟适于空中飞翔，生物界这种普遍性，是由上帝安排在自然界中的。至于人，是不可能理解上帝的目的，更不能改变上帝的意志，一切只能听从神的安排。由于夏娃在伊甸园里偷吃了智慧之果，她和亚当都犯了罪，从此原罪就沾染了全人类，人活在世上就是要行善赎罪，以便死后上天堂，免受地狱之灾。

这就是欧洲中世纪宗教神学自然观的真实写照。它要使人们甘心忍受剥削压迫之苦，忘记以至根本不去进行斗争。为了使人接受这种谬说，封建统治者一手搞理论欺骗，一手搞政治迫害，谁宣扬科学真理，谁敢于违背《圣经》，谁就要受到残暴的镇压。

在中世纪前更早的神学家宣传神学自然观，其最基本的一条是搞迷信。如基督教教父德尔图良（Tertullianus，约150—230）就直接了当地推崇盲目迷信，他宣称："正因为是荒谬，所以我才相信"。他举例说："被埋葬了的神的儿子复活了，这也是可信的，因为这是不可能的"。越是不可能发生的、越是荒唐的事，就越能使人相信。德尔图良公然宣称他是靠迷信来宣传神学自然观的。到了中世纪中叶，迷信仍然是神学自然观的一大支柱，如意大利神学家安瑟伦（Anselm，1033—1109）认为信仰是知识的基础，把神学自然观的论述放在对圣经信仰的基础上，他提出："我相信了，才能理解，而不是先求理解，然后相信。其信条是"为求知而信仰"。**于是荒诞的传说到处流行，神秘的圣灵不断显现。浸过十字架的污水竟变成包医百病的圣水，虔诚的教徒一再声称亲眼看到上帝显灵……处于水深火热之中而又被剥夺了学习科学文化知识权利的老百姓，也只好暂时把他们的希望寄托在这些美妙的神话之中。**

但是，单靠圣经的故事和离奇的神话，毕竟不可能长期掩盖自然界的本来面目。随着某些谎言被逐步揭穿，封建统治者的说教也增添了新的形式，即用精致化了的僧侣主义，也就是用哲学唯心论来装饰宗教迷信以继续欺骗大众。在公元5世纪，西罗马主教奥古斯丁（Augustine，354—430）的神学，就是与唯心论结合在一起的。他的神学自然观就是以神秘唯心主义的新柏拉图主义为基础，把柏拉图的理念变成了造物主在造物以前永恒的思想，即上帝的原型。由于这永恒思想的运动，就从虚无中产生了水、火、土、气、原子，以至地球和人。所以他坚决反对古希腊的唯物主义，深恶痛绝地叫嚷："让泰勒斯和他的水一道去吧，让阿克西美尼和空气一道去吧，斯多葛学派和火一道去吧，伊壁鸠鲁和他的原子一道去吧"。从这个基本点出发，他论证了宗教神学的时空观：即时间是与上帝创世的同时被创造出来，上帝创造世界之前没有时间；没有世界，当然也没有这块空间。时间和空间都是有限的，而上帝却是永恒的，是和柏拉图的理念一样，永远站在时间的洪流和我们世界所占据的空间之外。他虽然声称他是古代哲学的敌人，却又借用柏拉图的哲学为天主教辩护。这种**宗教神学在哲学认识论上主张精神第一，上帝万能。**奥古斯丁曾断言，如果没有上帝，"就是一根头发也不会从头上脱下来"，因此他强烈地反对科学。

8世纪以后，出现了经院哲学，封建统治者又利用它使神学更加理论化，特别是采用思辨的逻辑来论证神学及其自然观，并使之系统化。12、13世纪以后，经院哲学逐渐繁荣起来，其中意大利的托马斯·阿奎那（Thomas Aquinas，1225—1274）是经院哲学最有影响的代表人物。他研究并注释了亚里士多德的著作，但是他只**"抓住了亚里士多德学说中僵死的东西，而不是活生生的东西"。阿奎那正是摈弃了亚里士多德积极的东西，而使其中与神学相符的东西万古不朽。**例如亚里士多德认为世界是永恒的，这与上帝创世说的教义不一致就被丢开，亚里士多德认为凡是运动都需要从外部施加力量，就被阿奎那拿了过来，说什么“天体被有智慧的本质所推动”，以论证天体运动必须要有上帝的推动。阿奎那不像德尔图良和安瑟伦那样贬低理性，但却企图使理性匍匐在神台之下充当神学的婢女。他认为人的理性本来就是为理解和检验神才形成的，理性的内容是神的学说，而神的学说又要用理性来检验。于是，阿奎那就用歪曲了的亚里士多德的逻辑学建立起并论证了他的神学体系。

阿奎那还把亚里士多德的物理学用来作为描述神学自然观的根据。阿奎那在《神学大全》里，依据亚里士多德物体总要达到某一“天然位置”的说法，认为重者下沉，是因为重物的“天然位置”在地的中心，烟往上升，是因为轻物的“天然位置”在天空。既然都是“天然”，那还有什么必要去探究自然的原因呢！阿奎那还用亚里士多德的神秘的“本性”说明物质的性质，如铁有压延的“本性”，所以能被压延，水随着唧筒活塞流动，是因为水的“本性”害怕真空，如此等等。阿奎那及其他经院哲学家们又把托勒玫体系和天主教教义相结合，随心所欲地引证托勒玫的话为他们的神学服务。在宗教神学与经院哲学的束缚下，科学则受到严重的摧残。

然而历史并未因神学的重压而中断，人类的认识也不会因为僧侣们的愚弄而停止，不少有识之士都在不断地努力冲破神学的禁锢，探求科学的真理。但是，每当出现这种情况，教会和封建统治者就以暴力的手段加以镇压，其凶狠毒辣的程度骇人听闻！例如，公元415年，有一位亚历山大的女数学家希帕西亚（Hypatia），她的“罪名”就是研究数学。她被人从马车上拖了下来，拉进教堂，遭到野蛮、残忍、无情的杀害。一群残暴的教徒用锋利的蚝壳把她的肉一片片地割下来，然后把她四肢还在颤动的身体投进熊熊的烈火之中。这样的例子，仅是无数暴行中的一个。13世纪30年代，教皇格雷高里九世设立了宗教裁判所，**公元1254年后，又决定凡是由宗教裁判所起诉的人都被剥夺辩护权，并且一经定罪，财产即被没收。仅在西班牙，就有一万多人被烧死，有二十多万人被处徒刑，中世纪欧洲各国被判刑烧死的约有五百万人，其中有不少是自然科学家和宣传唯物主义自然观的人。**

然而，真理的力量是压抑不住的，就是在经院哲学内部也产生了反对单一神创造万物的说教，其中有人还提出以物质说明世界的自然观。如12世纪中叶，法国的吉洛姆就自称是伊壁鸠鲁的继承者，他给学生讲解原子论，并力图用自然本身解释自然现象。又如**经院哲学家贝伦伽里就怀疑这种宣传，他说：教徒在吃“圣餐”时，吃的是基督的身体，喝的是基督的血，这样就可以与“主”同在，有力地抵制魔鬼的诱惑。而我们明明吃的是面包、喝的是酒，要是教徒都吃上帝的身体和血液，即使上帝的身体大如巨塔，也早就被吃光了！**与阿奎那同时期的英国著名经院哲学家罗吉尔·培根，是个革新派教徒的思想家，他提倡实验科学，反对盲目信仰，具有明显的唯物主义倾向，他公然怀疑旧约全书上的话，因此触怒了教廷，晚年一直被关在修道院的监狱里。到十四十五世纪，法国一些哲学学派研究数学、力学、天文学，并从自然本身论述地球运动。罗马数学家和哲学家库萨的尼古拉主教（Nicholas of Cusa，1401—1464）宣称宇宙既无所谓有中心，亦无所谓有边际，否认月亮以下的物质与天上的物质有任何区别。这样，神学的自然观一步一步地为新时代的思想所动摇，预示着一场大风暴即将来临。

第三节　机械唯物主义形而上学的自然观

在欧洲，14 世纪末 15 世纪初，资本主义生产关系开始在封建社会内部萌芽。那时已经开始发现并使用一些新技术：水力、风力发动机。脚踏的纺车和织布机，中国的火药，指南针和造纸技术也已传到欧洲，工商业得以逐步发展。15、16 世纪之际，哥伦布首航到了美洲、麦哲伦环球航行成功，为新的资产阶级开辟了广大的活动场所，刺激了工商业进一步发展。但是，当时基督教教会却完全垄断了文化、社会精神生活，自然科学的发展也受到窒息。于是就发生了**“宗教改革”运动和“文艺复兴”运动。**这一时期自然科学的发展，是从自然科学家们用血和生命进行斗争开始的。

伟大的波兰天文学家哥白尼第一个向神权提出挑战。他通过长期的观察，特别是对行星的观测材料进行深入地分析之后，终于得出一个与宗教教义截然相反的科学结论：行星旋转的中心不是地球而是太阳。哥白尼认为天比地大，并用相对运动的方法论述行星和地球都在运动，解释了五大行星的逆行等天体现象，**指出地球有三种运动：一是在地轴上的周日自转运动，二是环绕太阳的周年运动，三是赤纬的运动（第三种运动实际上是不存在的）。**1543 年哥白尼经过 36 年的踌躇之后，在临终之时出版了《天体运行论》这部不朽的著作。**这本书动摇了“天界是神圣的，而地球是不完善的”宗教迷信，推倒了长期统治人们头脑的旧的托勒玫世界体系，给宗教神学以沉重的打击，起到了解放思想的巨大作用，“从此自然科学便开始从神学中解放出来”。**哥白尼的日心说，必然要遭到神学家和僧侣们的疯狂反对。教皇下令把他的学说称为“邪说”，将他的著作《天体运行论》列为禁书。但是，新生事物总在斗争中不断成长，继哥白尼之后，意大利哲学家布鲁诺接过这面大旗，勇敢地与宗教神学做坚决的斗争。**布鲁诺不但主张日心地动说，而且突破哥白尼的日心说，进而宣传宇宙无限的思想。**他在**《论无限宇宙与世界》**一书中宣布：“在无限的空间中，要么存在着无限多的同我们世界一样的世界，要么这个宇宙扩大了它的容量，以便它能无限容纳许多我们称之为恒星的天体，或者要么不论这些世界彼此之间是否相似，都有同样的理由可以存在”。**他否认宇宙有限，当然就否认宇宙有中心。这就使上帝没有了藏身之所，这直接触碰了宗教**

神学的要害，布鲁诺在长期遭受迫害之后，罗马教廷于1600年在鲜花广场将布鲁诺活活烧死。面对凶神恶煞的残暴手段，布鲁诺的回答是："你们心中的恐惧百倍于我，而我愿为殉道而死！"

继布鲁诺之后，**意大利的物理学家兼天文学家伽利略和德国天文学家开普勒，接过哥白尼的大旗继续前进。1632年伽利略发表了《关于托勒玫和哥白尼两种宇宙体系的对话》**一书，用通俗易懂的语言和新的观察事实来宣传哥白尼的学说，伽利略用望远镜观察到茫茫银河原来是亿万颗点点繁星所组成，从此，人们放眼宇宙，越出太阳系，后来又翱翔于无限的太空之中。**伽利略宣传宇宙无限，用的是事实，且说理透彻，赢得了广大的读者，更彻底地动摇了宗教神学的自然观。**伽利略热心于哥白尼体系的宣传，就难免受到宗教法庭的责难，1616年、1635年伽利略两次为宗教裁判所审讯，第一次人受警告书被禁，第二次人受禁闭书被焚。**开普勒也非常关心日心说的宣传，并为此提供了最强有力的证据。**他通过大量资料的整理和计算，**发现了行星沿椭圆轨道运行的"行星运动三定律"，**说明行星沿椭圆轨道以变速绕日运行，**彻底否定了最完美最神圣的天体均作圆周运动的歪说，使日心说为专业天文学家、数学家所信服。**

"在太阳系的天文学中，开普勒发现了行星运动的规律，而牛顿则从物质的普遍运动规律的观点对这些规律进行了概括"。牛顿在前人研究成果的基础上，总结出力学运动三定律（惯性定律、加速度定律、作用和反作用定律）和万有引力定律，奠定了经典力学基础，从而使"天上"、"人间"两个"不同"的力学世界统一到牛顿力学体系中去，实现了近代自然科学的第一次综合。牛顿力学体系解释了许多以前天文学家所无法解释的问题：彗星运行的轨道是绕太阳的偏心率较大的椭圆；行星由于自身的旋转，应呈扁平球形状；地球的轴在做一缓慢的圆锥运动从而说明了二分点的岁差现象；潮汐的产生是由于太阳、月亮对海洋引力效应的差异等等。从此，地心说寿终正寝，宗教神学自然观从统治的宝座上失去了"皇冠"。

从哥白尼开始的这个时期，自然科学主要是处于收集材料的阶段，属于经验自然科学。当时发展较快的是天文学和力学以及为它们服务的数学。别的学科虽有进展，但还较迟缓。物理学除光学因天文学的实际需要而得到一定发展外，对热、声、电、磁只有初步的研究。化学刚刚从炼金术中解放出来，但还在信奉燃素说。矿物学还没有从地质学中分化出来，古生物学还根本不存在，生物学主要是搜集和初步整理材料；动物学和植物学仅仅做了粗浅的分类。总的来说，这一时期在生产力发展的推动下，自然科学有了很大的发展，但水平还不高，实际上，真正的科学还没有超出力学的范围。

这个时期，与上述自然科学初步发展的状况相联系，与当时社会发展状况相适应，形成了机械唯物主义形而上学的自然观。**形而上学自然观的特点就是"自**

然界绝对不变这样一个见解”。形而上学自然观认为：自然界的一切是从来如此的，永远如此的。万事万物只在空间上彼此并列着，并无时间上的历史发展，自然界的任何变化、任何发展都被否定了。如果要说变化，那也只是物体的机械动作和它们动量的交换，而且这种增减和变更的原因，不在事物的内部而在事物的外部，即是由于外力的推动。例如，瑞典的生物学家林奈就是一个宇宙不变论者，他断言：“造物主一开始创造了多少不同的形式，现在就存在着多少物种，”自然界物种无增无减，永世不变。又如牛顿，把物质的一切运动形式都归结为机械运动，把物质与运动割裂开来，物质仅具有消极被动的惯性，自己绝无能力改变运动状态，也就是“动者恒动、静者恒静”，若要改变这种运动形态，必须得到外力的推动。

形而上学的自然观是形而上学世界观的一部分，它的产生并非偶然，它曾在人们头脑中占据统治地位的现象也不可避免，这是因为：首先，这个时期科学发展的水平还不高，人们所获得的材料还不足以说明各种自然现象之间的联系和发展，所以不能把世界理解为一种过程。当时只有力学得到了较高的发展，所以往往用力学观点去解释自然现象。就连与宗教神学作过不倦斗争的力学家伽利略也认为机械运动“既不消灭什么，也不产生什么新东西”，用这样一种思想去概括世界，他认为宇宙与宇宙中的一切，过去如此，现在如此，将来也还是如此，既没有新东西出现，也没有旧东西消失。这种机械的自然观就只能“用位置移动来说明一切变化，用量的差异来说明一切质的差异”。从而使这一时期占统治地位的自然观，打上了形而上学的烙印。**其次，这个时期的自然科学，是分门别类地进行研究，科学家们也给自己划定了研究的范围，这就容易使他们“把自然界的事物和过程孤立起来，撇开广泛的联系去进行考察，因此就不是把它们看作运动的东西，而是看作静止的东西，不是看作本质上变化的东西，而是看作永恒不变的东西，不是看作活的东西，而是看作死的东西”。**这就形成了自然科学研究中长达几个世纪所特有的局限性——形而上学的思维方式。这种思想方式首先被十七世纪英国的唯物论思想家培根引进哲学，例如他强调归纳法而忽视了演绎法的作用，他把对于整体的认识归结为只是对它的各个局部的认识，把一切研究归结为分析，把复杂的东西归结为简单的东西。

培根和其他资产阶级思想家将这种思维方式固定化，并从世界观上加以总结和概括，便形成了形而上学的世界观与方法论。**形而上学思维方式的产生，在当时是认识史上的一个进步。**一般来讲，要想深入地研究各种自然现象的规律性，就必须对自然界的各种现象分门别类地搜集材料，并对这些材料加以整理和分析，而不能像古代学者那样简单地依靠笼统的直观感觉。要科学地描绘自然界的总图景，就首先要弄清楚构成这幅总图景的各个细节。对自然现象做分门别类的研究，正是达到这个目的的必要步骤，正是自然科学成长发展的必要条件。因此形而上学自然观的产生是自然科学发展到一定历史阶段的必然产物。其次，尽管形而上学自然观在资产阶级形成前早有萌芽，但形而上学自然观作为一个完整的体系，却是近代资产阶级思想家及其自然科学家们的思想结晶。当资产阶级在政治上成为统治阶级后，形而上学自然观否认自然界的运动、变化、发展，正好迎合了资产阶级为资本主义制度的永恒性做辩护的需要；所以资产阶级极力宣扬、维护这个自然观，使它占了统治地位。而自然科学越向前发展，形而上学自然观的保守性、反动性就越显得突出。

尽管这一时期在自然科学的水平上高于古代，然而，这一时期在一般的自然观上却低于古代希腊。用这样的观点从总体上来解释自然界中一些带根本性的问题时，就不可能坚持从自然界本身来说明，而最终却归到造物主创造整个自然界的唯心主义营垒里去。大科学家牛顿，尽管在自然科学的研究上基本上是个唯物主义者，但他的形而上学自然观却成了通向唯心主义的桥梁。牛顿认为上帝是无所不在而且是万古长存的："上帝永远存在而且到处都有，并凭自己的永远和普遍存在构成时间和空间"，上帝"统驭万物，熟悉万物"，上帝靠自己的意志"形成并改造宇宙的那些部分"。甚至说"行星现有的运动不能单单出自于某一个自然原因，而是由一个全智主宰的推动"。上帝的一次推动成了太阳系行星运动的起因。这一时期，以哥白尼给神学写挑战书为开端，到牛顿关于神的第一次推动的假设为结束，使"科学还深深地禁锢在神学之中。"但是，自然科学仍然是在斗争中前进，不过从总的来看，终于从宗教神学中独立出来了！形而上学的自然观，在科学技术的反复冲击下摇摇欲坠，被弄得百孔千疮，取代它的将是辩证唯物主义自然观。

第四节　辩证唯物主义自然观

18 世纪下半叶开始，欧洲的许多国家相继进行了资本主义的产业革命，使资本主义生产向机器大工业生产过渡。生产的进一步发展，为近代自然科学的进一步发展提供了许多新的事实材料，这就为辩证唯物主义自然观的确立提供了丰富的自然科学基础。例如，望远镜的不断改进使人们观测天文的手段不断完善，视野大大开阔；显微镜的发明使人们对动植物的结构的认识深入到更深的层次；蒸汽机的发明不仅是机器大工业产生的标志，而且对于如何提高蒸汽机的效率，给科学研究提供了重要的研究课题；另外，开矿业的发展、运河的挖掘，使人们对地壳的构造，生物的演化都有了新的认识。这个时期的自然科学研究方式也起了根本性的变化。近代自然科学经过将近 4 个世纪的搜集材料阶段，开始进入到系统地整理材料和上升到理论概括的阶段。恩格斯说："事实上，直到上一世纪末，自然科学主要是搜集材料的科学，关于既成事实的科学，但是在本世纪，自然科学本质上是整理材料的科学，关于过程，关于这些事物的发生和发展以及关于把这些自然过程结合为一个伟大整体联系的科学。”[⊖]这样就导致了自然科学各个领域的许多划时代的重大发现。正是这些自然科学的重大发现，引起了自然观的革命，形而上学的自然观的基础动摇了，辩证唯物主义自然观开始形成。

1. 在僵化的形而上学自然观上打开第一个缺口的是哲学家康德，提出太阳系起源的“星云说”

1755年，康德在《自然通史和天体论》一书中提出了太阳系起源的“星云假说”。他运用辩证的观点，概括、综合了当时天文学、力学的成就，特别是根据当时观测到云雾状天体存在的资料，提出了星云说。星云说认为：太阳系是从弥漫物质（星云）通过自身的运动规律——由于吸引而不断凝聚，由于排斥而发生旋转运动，从最初的混沌状态中，逐步发展成为有秩序的天体系统的。这一学说，从物质自身具有吸引与排斥的对立统一来分析天体的发生和发展，既是唯物的，又符合辩证法。他把地球和整个太阳系视为某种在时间的进程中逐渐生成的东西，为辩证唯物主义自然观的形成提供了天文学方面的论据。同时，它又否定了“宇宙神创论”，当然也否定了牛顿的“神的第一次推动”。在科学上，**它是人类认识史上第一个科学的天体起源学说，不仅为现代天体演化学奠定了基础，也推动了整个自然科学的发展，**“因为在康德的发现中包含着一切继续进步的起点。”但康德的著作没有受到同时代人的重视，直到1796年，法国科学家拉普拉斯也提出了类似的星云假说后，才逐渐受人重视，后人就称这个学说为**“康德-拉普拉斯星云说”。**

2. 第二个缺口。维勒用无机物人工合成了有机物尿素（打破了无机物和有机物之间的界限）

到了18世纪下半叶，化学得到了迅速的发展，先后出现了拉瓦锡的氧化理论、道尔顿的原子论，特别是在1828年，维勒写成了**《论尿素的人工合成》**一文。他总结了1821年以来，他自己在化学研究中所获得的大量材料，以严谨的事实证明，用普通的化学方法，由氰、氰酸银、氰酸铝和氨水、氯化铵等无机原料按不同的途径都可合成同一有机物——尿素。而在这以前，所谓权威的传统看法认为有机物只能通过生物体才能得到。维勒还证明了有机物尿素和无机物氰酸铵有着同样的化学组成，都是碳、氢、氧、氮的化合物。**这就彻底打破了旧的传统观念——有机物和无机物有着不可逾越的人为界限。这才发现“化学定律对有机物和无机**

⊖ 这里本世纪指19世纪，上世纪指18世纪。

物是同样适用的"，从而打破了形而上学自然观的第二个缺口。

3. 第三个缺口，赖尔提出地球地层渐变的理论

1830 年，**英国地质学家赖尔发表了《地质学原理》**一书，以丰富的材料论证了地球地层渐变的理论。把发展变化的思想带进了地质学。18 世纪下半叶以来，采矿业的大发展，运河的开凿，使人们发现逐一形成的地层中有不同的生物化石。这个事实使人们不得不承认地球以及地球上的动植物都有时间上的历史。但当时法国的动物学家和生物学家居维叶却认为这是由于上帝的惩罚而引起巨大灾变造成的。赖尔的理论认为地球表面的变迁是由各种自然力（例如雨水、河流冲刷、潮水的摩擦、地震、火山爆发等）的缓慢作用引起的，并不是超自然的力量，譬如上帝的惩罚而造成的巨大灾变引起的。**赖尔的功绩在于：他以地球的缓慢的变化这样一种渐进作用，代替了由于造物主的一时兴起所引发的突然变革。"**

4. 细胞学说的出现——在形而上学自然观上打开了第四个缺口，打破了动物和植物的界限

显微镜的使用使生物学的研究状况大为改观，导致了细胞的发现。**而细胞学说的出现是在形而上学自然观上打开的第四个缺口。**德国生物学家施莱登在前人研究的基础上，加上自己多年从事植物解剖工作而积累的资料，发现了植物细胞。1838 年，他发表了《关于论植物起源的资料》一文，指出"最近我已经知道低等植物全由一个细胞组成，而高等植物是由许多细胞组成。"1839 年，长期从事动物胚胎、组织研究工作的另一个德国生物学家施旺，发表了《关于动物与植物结构与生长类似性的显微镜研究》一文，进一步指出，**不仅植物，而且动物也是由细胞构成的，明确宣布"动物界与植物界的巨大壁垒，亦即最后的结构区分因此完结了。"由于细胞的发现，揭示了动植物结构的统一性，阐明了有机体分化发展的规律。**细胞学说指出：细胞是动物和植物有机体构造和发育的基础，一切有机体都是由细胞按照一定的规律发育、生长的结果。细胞的发现使"有机体产生、成长和构造的秘密被揭开了，从前不可理解的奇迹，现在已经表现为一个过程"。

5. 第五个缺口，能量守恒定律的发现，说明了各种运动形式间相互转化的统一性

由迈尔、焦耳、格罗夫、赫尔姆霍兹、柯尔丁等人几乎同时从不同的途径发现的**能量守恒定律**的一般结论，在形而上学自然观上打开了第五个缺口。德国医生迈尔是从研究动物热的来源得到启发的，于 1842 年、1845 年分别发表论文，具体论证了机械能、热能、化学能、电磁能和辐射可以相互转化，并推算出热的机械当量。英国的酿酒商兼业余物理学家焦耳，通过研究各种物理运动，特别是电

力，同样得出了这方面的研究成果，并精确地测定了热的机械当量。英国律师兼业余物理学家格罗夫、德国生理学教授，后来当了柏林大学物理教授的赫尔姆霍兹以及丹麦人柯尔丁也差不多同时发现了能量守恒和转化定律。这个定律表明，自然界的各种能量形式，在一定的条件下，可以按固定的当量关系相互转化，在转化过程中，能量既不会增多，也不会消失。**能量守恒与转化定律的发现表明，“自然界中整个运动的统一，现在已经不再是哲学的论断，而是自然科学的事实。”这就为哲学上论证运动不灭原理提供了自然科学的基础。**

6. 第六个缺口——达尔文提出生物进化论，指出生物界的任何物种，都有它的发生、发展和灭亡的历史，都是自然界长期进化的结果

1859 年发表的《物种起源》一书，是系统地表述英国生物学家达尔文的进化论思想的代表著作。正是**达尔文的生物进化论思想，在形而上学自然观上打开了第六个缺口。**达尔文在前人工作的基础上，通过自己的长期实践，尤其是乘坐贝格尔舰五年的环球科学考察旅行，以及对农业、畜牧业中改良品种的实践经验的总结，获得了生物学方面极为丰富的实际知识，提出了以自然选择为基础的生物进化理论。**进化论用大量的事实说明了生物界的任何物种，都有它的发生、发展和灭亡的历史，指出现代植物、动物包括人在内，都是自然界长期进化的结果，从而揭示出生物由简单到复杂，从低级向高级发展变化的自然图景。进化论还揭示了有机界物种千差万别的原因。**列宁曾指出：达尔文进化论“推翻了那种把动植物物种看作彼此毫无联系的、偶然的、‘神造的’、不变的东西的观点，第一次把生物学放在完全科学的基础上”。

正是由于自然科学的上述主要成就，特别是细胞学说、能量守恒与转化定律、进化论这三大发现，**“有了这三个大发现，自然界的主要过程就得到了说明，就归结到自然的原因了”。**自然科学中一个又一个新的发现，给形而上学自然观打开一个又一个新的缺口，为辩证唯物主义的自然观增添一块又一块新的基石，形而上学的观点已经成为过去，辩证唯物主义自然观诞生了。

这时，**“新的自然观的基本点完备了；一切僵硬的东西溶化了，一切固定的东西消散了，一切被当作永久存在的特殊东西变成了转瞬即逝的东西，整个自然界被证明是在永恒的变化中存在着”。**自然科学的发展为辩证唯物主义自然观的产生准备了条件。恩格斯总结概括了这些自然科学的成就，在《自然辩证法》和《反杜林论》这两部光辉著作中，第一次论述了辩证唯物主义自然观，这在自然观的发展中具有划时代的意义。

辩证唯物主义自然观是马克思主义的一个重要组成部分，资产阶级的自然科学家，尽管会创造可观的科学成就，自觉不自觉地在形而上学的自然观上打开一个又一个的缺口，但他们没有也不可能得出辩证唯物主义的自然观。由于阶级的

局限，他们至多只能在自己的研究领域中，自发地达到某些辩证法思想。只有伟大的无产阶级革命导师马克思和恩格斯，在资本主义高度发达的19世纪40年代，才能够概括和总结社会科学和自然科学的全部成果，创立马克思主义哲学，实现了哲学发展史上的革命性变革。辩证唯物主义自然观的创立，标志着旧的自然哲学的结束，也是人类自然观发展史上的一次革命。

人们对自然界的认识经历了一个辩证的发展过程，现在是在更高的基础上又复归到辩证法。与古代朴素的自然观不同的是，新的自然观是建立在严格的科学事实的基础上。随着自然科学领域中每一个划时代的发现，唯物主义自然观也必然要改变自己的形式。

自然界这种客观辩证法，不仅贯串着当时的自然科学，而且贯串着现代自然科学，因而现代自然科学的新发展，一定会丰富、充实新的自然观。

1900年，普朗克提出了能量子的假设，认为在吸收和辐射过程中，能量是一份一份的并不连续。1905年爱因斯坦在这个基础上进一步提出，电磁波的能量本身由一份一份组成的，得出了光量子的概念，开创了量子物理学，使物理学进入了一个更为广阔的领域。量子论揭示了连续与间断这对矛盾的物质基础，说明物质内部本身就存在着这对矛盾的对立统一。近年来，高能物理学在实验和理论上的发展，又为我们打开了视野。目前，实验证实，基本粒子是有结构的，有实验表明这种更深一层次的物质粒子有它独特的性质；当它们之间的距离很近时，相互之间的作用很弱，称为“渐近自由”；当它们之间的距离拉大时，相互之间的作用就增强，以至于不能跑出基本粒子，称为“红外奴役”。所以有一些理论认为，夸克在基本粒子中质量是不大的，而一旦离开基本粒子，它们的质量将是很大很大，以至于达到难以理解的程度。这种“夸克禁闭”理论仅仅是理论中的一种，正确与否，还有待于实验的检验。但至少启发我们，物质无限可分的“分”可能会赋以新的含义。可以说，随着量子论和高能物理的发展，必将证实和丰富辩证唯物主义物质观的内容。

到目前为止，人类认识到自然界中存在着四种相互作用——万有引力、电磁力、强相互作用力和弱相互作用力，这四种相互作用分别描述了不同物质之间的相互作用性质。问题是它们之间有什么内在联系？描写它们的运动规律有什么共同之处？早在20世纪初，爱因斯坦就关心过这个问题。1974年开始，在实验中有迹象表明，弱相互作用和电磁相互作用具有共同的机制，可以统一，最近已有实验正式证明，这两种相互作用是可以统一的。这样，使人们对物质运动的规律又有了新的认识，如果真有一天能把四种相互作用的联系和共同的规律加以揭示，无疑会丰富和发展辩证唯物主义运动观的内容。

1905年，爱因斯坦提出了狭义相对论，1916年又提出了广义相对论。相对论的提出，充分说明了人类对时空的认识是相对的、发展的，而且把物质与运动、时间与空间、物质运动与时空都联系了起来，批判了牛顿的绝对时空观，建立了相对论的时空观，出现了时空观上的一次重大突破。天体物理学家们又用相对论的观点，去研究现代天文学上出现的一系列崭新的科学现象，特别是在大尺度上星系运动的规律和近年来发现的引力波等，这些科学研究活动必将丰富和发展辩证唯物主义的时空观。

1953 年出现了遗传物质 DNA 双螺旋模型。60 年代期间又发现了遗传密码，揭示了核酸信息决定蛋白质的性质，控制蛋白质合成的机制，建立了生物遗传变异的信息概念。因此，生物界由信息概念，通过遗传密码达到了统一。目前人类已掌握了动物克隆的技术，在 21 世纪初甚至已绘制出了人类基因图谱。整个生物界，从病毒、细菌到人，通用着共同的密码，共同的信息符号。这是生物学上的又一次大总结，正如当年进化论从物种的共同历史渊源，把生物界统一起来；细胞学说以共同的细胞单元，把生物界统一起来。遗传物质基础的发现丰富和发展了辩证唯物主义的生命观。

随着控制论以及电子计算机和信息技术的发展，信息概念迅速地渗透到科学技术的各个领域，更标志着人类在从必然王国向自由王国的进程中又迈出了新的一步。信息是任何一个系统的组织性、复杂性的量度。它描述的系统越来越多，它表现了性质上根本不同的各种系统的状态及它们之间的同一性，为人们用电子装置模仿生物功能，用电子计算机模拟人的智能开辟了广阔的前景，**目前智能手机、支付宝、微信、智能机器人等各种人工智能产品已进入大众生活，有些先进技术已进入到生命运动的范畴，相信在不远的将来恩格斯所断言的四种基本运动形式相互关系会得到更加生动的说明。**

自然科学日新月异的发展不断地丰富和发展着辩证唯物主义。

第二篇　自然科学方法论（以物理学方法论为主）[4,5]

第一章　自然科学方法论的研究对象和意义

第一节　什么是自然科学方法论

人们在探索未知的自然规律时，总是要运用一定的研究方法。天文学家为了探知天体变化、发展的规律，需要运用观测、比较等方法；物理学家为了探求物体的运动规律，需要运用实验、数学等方法；生物学家为了研究生物的种类，需要运用分类等方法。一些哲学家和自然科学家为了寻求更有效的研究方法，往往对研究方法本身进行分析研究，例如：亚里士多德对演绎法的研究，培根对归纳法的研究，希尔伯特对公理化方法的研究，维纳对控制论方法的研究等。因此，为了准确、迅速地认识自然界的客观规律，促进自然科学的发展，就必须对科学研究方法进行研究，也就是说需要研究有关科学方法的理论。

认识客观自然界的方法，我们按其普遍性程度分成三个层次。第一个层次是各门自然科学中的一些特殊的研究方法。例如：在天文学中利用天体光谱线的红移来测定天体在视线方向的运动速度；在地质学中利用古生物化石来确定地层的相对年代，等等。**第二个层次是各门自然科学中的一般研究方法。**如观察、实验、科学抽象、数学等方法。**第三个层次是哲学方法，它不仅适用于自然科学，也适用于社会科学和思维科学，是一切科学的最普遍的方法。**

如一般的实验方法就是从物理实验、化学实验、生物实验等特殊的实验方法中概括产生的；数学方法最初主要在个别学科（如天文学、力学）中应用，随着科学的发展逐渐变成自然科学广泛应用的一般研究方法。实践证明：马克思主义的唯物辩证法是从人类的科学实践中总结和概括出来的正确的哲学方法，对自然科学的一般研究方法和特殊方法起指导的作用。自然科学的特殊方法是各门自然科学所要研究的内容，哲学方法是哲学研究的一个部分；自然科学的一般研究方法则是自然科学方法论研究的主要对象。我们认为，自然科学方法论是关于自然科学一般研究方法的规律性的理论。它既要研究单个的一般研究方法的规律性，又要研究这些一般研究方法在整体上的特点和相互关系的规律性问题。

自然科学方法论具有自身的特点：这不仅可以从它所研究的自然科学一般方法与哲学方法、自然科学特殊方法的区别和联系中表现出来，而且还可以从这种方法与社会科学方法、艺术方法的区别和联系中反映出来。艺术家主要用形象思维的方法来反映生活，把生活中最本质的东西上升为典型的艺术形象；科学家（无论是自然科学家还是社会科学家）则是着重用概念、判断、推理等逻辑思维的方法来反映世界。

马克思曾说过："分析经济形式，既不能用显微镜，也不能用化学试剂。二者都必须用抽象力来代替。"**自然科学和社会科学的研究方法虽然都必须进行科学抽象，但获取感性材料的方法却有所不同。**

社会科学则由于研究对象是人所组成的社会，很难人为地安排和控制实验条件，不是单纯使用各种仪器进行实验所能奏效的，它主要依靠社会调查（包括历史比较、社会统计等）的方法。

自然科学的各种研究方法，并不是孤立存在的，而是处在密切的相互联系之中。例如实验方法，在选择实验课题，进行实验设计和实验操作，以及对实验结果进行理论分析时，同时要运用观察、比较、分析、综合、归纳、演绎等各种各样的科学方法。一些高明的研究者，之所以能取得较大的成果，往往在于他们能巧妙地把所需要的各种方法，结合起来进行运用。**各种科学方法的相互联系也不是杂乱无章的，而是在认识自然界的过程中形成了具有一定规律性的整体。**观察和实验方法是获取感性材料的基本方法，然后，通过逻辑方法、数学方法，进行一系列的科学抽象，从现象深入到本质，从感性上升到理性，最后获得对自然界的规律性认识，形成科学理论。

上面提到的这些方法，都经过了长期的科学实践的检验，证明是行之有效的基本方法。学习和运用这些传统的方法对于搞好科学研究有重要意义。20世纪40年代以来，由于计算机、控制论、空间科学的产生、发展和广泛的应用，出现了诸如功能模拟方法、系统方法、信息方法等一系列新的研究方法，这就大大地丰富和发展了传统的方法，使整个自然科学正在发生巨大的变化。

关于科学研究的一般方法，实际上包括"战略"和"战术"两个方面。

在战略性方面，例如：研究当代整个科学发展中的带头学科、探索各门科学的新的生长点、确定新的研究方向、选择有意义的研究课题，等等。

在战术性方面，主要指具体研究过程中的一般方法。本篇主要讨论战术性方面的问题。

第二节　自然科学研究方法简史

自然科学的研究方法是人类科学实践的产物，它们将随着自然科学的发展而不断地得到充实、丰富和提高。因此，一部自然科学史同时就是一部自然科学研究方法的发展史。

关于自然科学研究方法的历史发展，大致可以分为以下几个时期：

一、在科学不发达的古代，自然科学包括在统一的自然哲学之中。人们对自然界的认识主要依靠不充分的观察事实和简单的逻辑推理，直观地、笼统地把握自然现象的一般性质，恩格斯称这种方法为“天才的自然哲学的直觉”。

例如古代的自然哲学家把他们在有限范围内所观察到的一些具体的物质形态（水、气、火、土等）当作是世界的物质本原。随着生产实践的发展和需要，在天文学、数学和力学等领域内，进行了一些初步的研究，因而观察、归纳、演绎等方法相应地有所发展，实验方法也处于萌芽之中。例如：托勒玫总结了历史上的和自已的天象观察资料，提出了地球中心说，促进了天文学的发展；欧几里得运用演绎方法，写成了《几何原本》，创立了欧氏几何学，阿基米德通过实验发现了浮力原理和杠杆原理。当时有些哲学家对科学研究方法进行了一些研究。德谟克利特写了《论逻辑》一书，研究了归纳法问题，他认为认识就是从经验观察上升到对自然现象的理论认识；亚里士多德写了《工具篇》，对演绎法中的三段论法进行了研究，提出了从前提推出结论的一些规则。

这一时期的科学研究方法总的来说水平较低，具有朴素和零散的特点。

二、从15世纪下半叶到18世纪中叶，随着资本主义生产的兴起和发展，各门自然科学从哲学中分化出来，对自然界进行分门别类的研究。与此相应，人们开始广泛采用实验方法来研究自然现象，并且实验方法逐步地和数学方法相结合，从而可以定量地研究自然界，这就为近代科学达到系统的、全面的发展，提供了可能。这一时期，观察方法、数学方法、逻辑方法，都有重大进展。

观察方法自古已有，但17世纪以来，由于望远镜和显微镜等观察仪器的发明和应用，使观察方法从以肉眼为主发展为以仪器为主，大大提高了观察的深度、广度和精度。这为哥白尼日心说的证实、牛顿力学的建立和有机体微观结构的发现，准备了日益丰富的观察材料。

16世纪，列奥纳多·达·芬奇利用实验方法研究栋梁所能支持的重量是怎样随着栋梁的粗细和长度变化的。西蒙·斯台文在著名的落体实验中，打破了一千多年来亚里士多德关于重物体比轻物体坠落快的错误观点。17世纪，伽利略设计了斜面实验，发现了自由落体定律和惯性原理，使实验方法达到了比较成熟的阶段。牛顿在伽利略等人研究成果的基础上，总结出力学三定律。同时数学方法也

有很大发展。1614 年耐普尔提出了对数计算法，1637 年笛卡儿创立了解析几何，后来牛顿、莱布尼茨分别创立了微积分，“最重要的数学方法基本上被确定了”，使力学达到了某种程度的完善化，促进了物理学等学科的发展。

这一时期，为了把一个个事物或过程分解为各个部分、各个方面来进行研究，并收集和初步整理由观察、实验得来的大批科学材料，这就促进了分析、归纳、分类、演绎等逻辑方法的发展。1662 年英国化学家、物理学家波义耳，在物理实验中运用单因子分析法，发现了气体体积随压强而改变的定量规律；在化学方面，他将当时可用的定性试验归纳为一个系统，初次引入化学分析的名称，开始了分析化学的研究。瑞典生物学家林奈对收集到的大量生物材料进行归纳和分类，使植物学和动物学“达到了一种近似的完成”。牛顿把当时的力学原理整理成一个演绎的体系，写成了经典力学的一部重要巨著——《自然哲学的数学原理》。

这时，有一些哲学家和自然科学家，为了促进自然科学的发展，对一些科学方法进行了研究。培根在自己的主要著作《新工具》一书中强调了归纳法的重要性，对归纳的三种方法——求同法、差异法和共变法做了详细的论述，克服了简单枚举法的局限性。他认为任何科学都是实验的科学，“自然的奥秘也是在技术的干扰之下比在其自然活动时容易表露出来。”这就揭示了实验方法的特点和巨大作用。正是在这个意义上，马克思称他是“现代实验科学的真正始祖”。法国哲学家、数学家笛卡儿写了《方法论》一书，特别重视演绎法和数学方法的作用，他深信，从不可怀疑的和确定的原理出发，用类似数学的方法进行论证，就可以达到对自然界的认识。培根和笛卡儿对归纳法和演绎法的研究做出了贡献，但有片面性，还有把二者对立起来的弊病。

三、从 18 世纪下半叶到 19 世纪末自然科学从分门别类的研究到阐明自然界的联系；从研究既成事物的特性进入到系统研究事物的发展过程这种情况相适应，实验方法和数学方法等都有了新的提高，特别是比较、假说等研究方法有了显著的发展。

由于机器大工业的产生和发展，不仅装备了越来越精密和完善的实验设备和仪器，而且也提出了越来越复杂的实验课题。在热学、电磁学、化学、生物学等各个领域中，出现了实验科学的全面繁荣，这就促进了诸如能量守恒和转化定律、电磁理论、化学原子论、氧化燃烧学说、细胞学说、人工合成有机物等一系列科学上的重大突破。

随着各门自然科学的发展，需要研究一些由大量偶然事物或现象组成的系统在整体上的规律性，因此促进了数学中统计方法的发展。例如在热力学中，用大量微观粒子的统计平均值，来阐明宏观上的物理量。在遗传学中，孟德尔运用统计方法研究了豌豆的性状在杂种后代中分配的数量关系，提出了著名的遗传因子独立分配和自由组合的规律。

这时在生物学和地质学等领域内，已经积累了大量的经验材料，“使得应用比较的方法成为可能而且同时成为必要”，因此广泛开展了比较生物学、比较解剖学、比较生理学、比较胚胎学、比较自然地理学和比较地质学等方面的研究。英国地质学家赖尔在把当代地质过程同第三纪地质过程加以比较研究时，发现二者十分相似，并在大量科学事实的基础上运用“将今论古”的历史比较方法建立了地质渐变论，促进了地质科学的发展。这种方法很好地体现了“现在是认识过去的钥匙”。生物学家达尔文，运用比较方法研究了生物有机体与生物环境之间的关系，创立了生物进化论。

由于建立和发展科学理论的需要，在已有科学事实的基础上提出假说，就更加成为一种重要的研究方法。互相排挤的假说的数目之多和替换之快，使自然科学界呈现出“百家争鸣”的局面。如在物理学中有热之唯动说和热素说之争，在化学中有物质结构二元说和分子说之争，在生物学中有生物进化论和灾变论之争，等等。这些争论开阔了人们的思路，促进了各种科学理论的发展。化学家门捷列夫在创立元素周期律理论时，曾研究和运用了假说方法，他在《周期律》一书中说；**“假说对于科学，特别是对于科学研究是必需的。假说提供条理性和简易性，没有假说，达到这两点是困难的……假说使得科学工作——寻找真理的工作变得容易并使它正确”，深刻阐明了假说在科学研究中的重要作用。**

从上述情况可以看出，像赖尔、门捷列夫这样一些自然科学家，不但在科学理论上有重大贡献，而且也对科学方法方面的问题进行研究和总结。他们虽然不一定有专门关于科学方法论的著作，然而他们的一些深刻见解，对我们研究科学方法论有着十分重要的意义。革命导师马克思、恩格斯十分重视科学方法论的研究。他们一方面批判地继承了黑格尔的辩证法思想，另一方面认真研究当时自然科学的成果，尤其是19世纪中叶的三大发现等。他们创立的唯物辩证法，为自然科学方法论的研究和发展奠定了理论基础。恩格斯在《自然辩证法》一书中对观察、实验、比较、假说、经验和理论、归纳和演绎、分析和综合、抽象和具体、历史和逻辑等方法做了精辟论述，对我们今天研究科学方法论，具有重要的指导作用。

四、20世纪以来，自然科学向微观和宏观两个方面扩展，科学分化越来越细，同时科学综合又越来越显著。在这种情况下，观察、实验等传统方法呈现出新的面貌；数学方法的广泛应用使整个科学技术日益数学化；各门学科研究方法的相互渗透和移植更加突出，还出现了一些新的科学方法。

由于量子力学、空间科学和计算机科学等的出现，高能加速器、电子显微镜、射电望远镜等一系列新仪器和新设备的制造，观察和实验由地面发展到宇宙空间，由宏观深入到微观，并冲破了过去种种条件的限制，在精密、快速和自动化等方面达到了新的水平。数学方法越来越广泛地被运用到各个科学部门中去，出现了数学地质学，生物数学等一系列新的学科，在电子计算机上进行的数学“实验”可以代替一些技术复杂、价值昂贵的实验。现在，整个科学技术正处在日益数学化的进程中。形式逻辑从19世纪就开始和数学结合起来，产生了数理逻辑，在20世纪得到了更加迅速的发展，使一些数学和逻辑的思维过程由于得到形式化而能够由机器来实现，从而可以用机器代替人的一部分脑力劳动。

科学方法的相互渗透和移植现在已经成为一系列新的边缘科学的生长点，并且是现代自然科学迅速发展的一个重要条件。例如，20世纪产生的量子力学，是研究微观粒子运动规律的理论。因为一切较高的运动形式都包括较低的运动形式，研究较低运动形式的方法可以用来研究较高的运动形式，所以随着量子力学的产生和发展，量子化的方法就逐渐渗透到生物学等学科中去，产生了量子生物学等新的边缘学科，使生物学由分子水平进一步发展到量子水平。

第二次世界大战以来，出现了控制论、信息论、系统论等新学科。这些学科和数学一样，不是以客观世界的某一种物质运动形式或物质存在形式为对象，而是以许多物质运动形式或物质存在形式所具有的某个共同的方面为对象。如：控制论和信息论都撇开了各个运动过程的物质和能量方面的特性，控制论仅仅研究控制和调节过程的数量关系，信息论用来研究信息的计量、传送、变换和存储。这种新的学科既是新的科学理论，同时又是适用于各种学科的新的科学研究方法。上述这些新的科学方法的出现，是现代科学研究方法的一个新特点。

在这个时期，一方面有些科学家，如爱因斯坦、维纳等人，对某些科学研究方法，做了一些比较深入的考察，促进了科学方法的丰富和发展；同时科学的发展要求对科学方法从整体上进行综合的研究，探索科学方法的产生、发展和相互联系的规律性。这些情况引起了越来越多的科学家和哲学家对科学方法论的注意和研究。当前国内外对科学方法论的一些探讨就是在这种形势下出现的。

通过对科学研究方法的简略历史考察，说明我们在任何时候都不能把科学研究方法和方法论绝对化、凝固化，而是要随着科学实践的发展不断地探索和发展新的方法，同时科学方法论也要不断增添新的内容，做出新的概括，以此促进自然科学的发展。

第三节　学习和研究自然科学方法论的意义

认真学习和深入研究自然科学方法论，无论对于自然科学的研究和教学工作，还是对哲学的发展，都有着十分重要的意义。

一、促进自然科学的发展和教育质量的提高

千百年来，人们在认识自然界客观规律的过程中，逐步地形成和发展出一系

列科学研究的方法。对这些方法进行整理和研究，寻求其发展的规律性，有助于我们更加自觉地、正确地掌握和运用这些方法，少走弯路，更快地达到对自然规律的正确认识。科学实践表明，一些自然科学家之所以能够在科学上做出重大的贡献，除了当时的生产和科学实验的条件外，还往往与他们运用了正确的科学研究方法有着密切的联系。例如，丹麦天文学家第谷·布拉赫在数十年中运用观察方法，积累了大量的行星运动的资料，为开普勒发现行星运动三定律和牛顿力学的建立准备了重要条件；伽利略之所以能发现自由落体定律和惯性定律，与他正确地运用实验方法和数学方法是分不开的；爱因斯坦创立相对论，理想实验方法起了重要作用；德布罗意提出物质波，与类比方法有很大关系，等等。**天文学家拉普拉斯曾说过："认识一位巨人的研究方法，对于科学的进步……并不比发现本身更少用处。科学研究的方法经常是极富兴趣的部分"。生理学家巴甫洛夫也曾说过："初期研究的障碍，乃在于缺乏研究法。无怪乎人们常说，科学是随着研究方法所获得的成就而前进的。研究方法每前进一步，我们就更提高一步，随之在我们面前也就开拓了一个充满着种种新鲜事物的、更辽阔的远景。因此，我们头等重要的任务乃是制定研究法。"生动地说明了掌握科学研究方法对科学发展的重要性。**

自然科学方法论是连接哲学和自然科学的一根纽带。哲学往往要通过一定的科学研究方法具体实现对自然科学的指导作用。因此，学习和研究科学方法论，可以加强哲学对自然科学的指导，加速发展自然科学。例如：门捷列夫运用比较等科学方法研究化学元素，发现化学元素的性质随原子量的递增而呈周期性的变化，由此提出了化学元素周期律。在这里，门捷列夫自发地运用了量转化为质的辩证法思想。恩格斯说：门捷列夫"不自觉地应用黑格尔量转化为质的规律，完成了科学史上的一个勋业"。这种自发的辩证法思想就是通过运用比较等方法来具体实现的。又如：在20世纪60年代，我国的基本粒子工作者，在物质无限可分的哲学思想指引下，突破了物理学中曾流行的关于基本粒子不可分的观点，建立了夸克模型，认为基本粒子是由夸克组成的、具有一定结构的粒子，从而较好地解释了当时已发现的基本粒子的结构和相互联系等问题，达到了世界先进水平。正是由于运用了模型方法，具体地发挥了物质无限可分的哲学思想对基本粒子研究的指导作用。

学习和研究科学方法论还能提高教育质量。学生在课堂上所学习的书本知识，是前人运用一定的研究方法所获得的关于自然规律的正确认识。因此，在教学中，不仅要讲清楚一门科学中的基本概念、基本理论，而且还应当讲解在科学史上建立这些概念和理论的科学研究方法；同时，还要通过解题、实验、实习，毕业设计和毕业论文等各个教学环节，对学生进行科学研究方法的训练。这对于学生牢固地、融会贯通地掌握自然科学中的基本知识，培养学生进行研究工作、解决实际问题的能力有着重要意义。例如，在地质学中，地质学家关于地层这个概念是通过观察、比较、分类等科学方法，收集、整理有关地层的材料逐步建立起来的。在地质教学中，就不仅要讲解地层这个基本的地质概念的含义，而且要结合这个概念，讲解观察、比较、分类等科学方法，再通过到野外去进行地质实习，使学生接受这些科学方法的实际训练。这样，学生既能深刻地理解和掌握有关地层的规律性知识，又能学到地质学的基本研究方法，从而提高独立研究问题的能力。

二、丰富、发展和捍卫马克思主义哲学

作为自然辩证法一个部分的自然科学方法论，是马克思主义哲学在自然科学研究方法领域内的具体运用。因此，深入研究自然科学方法论，又能反过来丰富和发展马克思主义哲学。例如，**在某些问题的研究中，可以运用理想化的方法把固体设想为在外力作用下不发生任何形变的“刚体”，把液体假定为没有黏滞性的、不可压缩的“理想流体”等等。这种理想化实际上是反映了事物的主要矛盾和矛盾的主要方面决定事物本质的辩证法；数学方法中的统计方法表现了必然性和偶然性的辩证关系；比较方法体现了同一性和差异性的辩证关系；系统方法显示出整体和部分的辩证关系。因而研究自然科学的一般研究方法就能丰富马克思主义哲学的辩证法。**人类对客观自然界的研究方法，同时也就是认识方法，各种方法的综合运用，体现了从感性认识到理性认识的规律性过程，最近一些年来产生的信息方法，以信息的输入、存储、加工、转换、输出、反馈等形式描述人类对客观世界的反映过程，加强对这些问题的研究将丰富马克思主义的认识论。在人类对自然界的认识过程中，归纳和演绎、分析和综合、抽象和具体、历史和逻辑等方法的关系是对立统一的辩证关系，深入研究这些关系就能丰富辩证逻辑的内容。

研究自然科学方法论，有助于批判自然科学中的唯心主义和形而上学，从而也能从这一个方面捍卫马克思主义哲学。例如，正确阐明科学抽象是很重要的。列宁曾指出：“唯心主义（=宗教）的可能性已经存在于最初的最简单的抽象中”。我们应揭露把科学抽象曲解为纯粹主观创造的唯心主义观点，同时还要批判轻视抽象思维，反对系统的理论研究，鼓吹盲目实践等极其错误的倾向。**又如，根据马克思主义认识论对科学研究中的机遇、灵感、想象等做出合理的解释也是很重要的，既要防止唯心主义乘隙而入，又要鼓励科学工作者更好地发挥主观能动性的作用。**

综上所述，以自然科学史为基础深入研究科学方法论，无论对发展哲学，还是对发展自然科学都是十分有益的。

第二章 观察和实验

观察和实验是搜集科学事实获取感性经验的基本途径，也是形成、发展和检验自然科学理论的实践基础，因此观察和实验是自然科学研究中最基本的也是十分重要的认识方法。

人类研究自然开始于观察，古代科学中虽然已有科学实验的萌芽，但大都是原始观察的记载或是生产经验的描述。到了16、17世纪，随着近代自然科学的建立和发展，实验方法开始产生，并逐渐被广泛采用，在自然科学中日益发挥出其巨大的作用。**在近、现代自然科学研究中，观察和实验的方法两者既相互区别，又相互联系、相互补充、相互渗透。**生理学家巴甫洛夫在谈到观察和实验时说过："观察可在动物有机体内看到许多并存着的和彼此时而是本质地、时而是间接地、时而又是偶然地联系着的现象……实验仿佛把现象掌握在自己的手中一样，时而推动这一种现象，时而推动另一种现象，因此就在人工的、简单的组合当中确定了现象之间的真正联系。换言之，**观察是收集自然现象所提供的东西，而实验则是从自然现象中提取它所希望的东西"。**

本章着重探讨观察和实验方法的特点、作用以及有关的理论问题。

第一节 观察方法

观察方法是人们通过感觉器官或借助于科学仪器，有目的、有计划地感知客观对象，从而获取科学事实的一种研究方法。根据观察方法是否与实验方法相结合的情况，可以把观察方法分为自然的观察和实验中的观察。

自然的观察是对自然现象在自然发生的条件下进行考察的一种方法。所谓"自然发生的条件"，就是说人们对自然现象不加以改变和控制的情况，正是在这一点上它和实验方法有本质的区别。当然，在实验中也必须运用观察方法，但从科学方法来讲，它已经包容在实验方法之内，并非单纯的观察方法了。观察方法虽然不具有实验方法那种变革和控制研究对象的优点，但由此却使它具有比实验方法更为广泛的研究领域。除了在实验中必须运用观察方法之外，在那些还不可能运用实验方法来变革和控制研究对象的领域，观察方法也可以大显身手。

人们通过观察去描述自然界发生的各种各样的现象，这种描述可以分为质的描述和量的描述，因此，观察可以分为质的观察和量的观察（亦称为观测或测量）。从古到今，观察方法在各门自然科学中广泛应用。在天文学的研究中，人们只能观测天体的位置、分布、运动、形态、结构、化学组成、物理状态等因素，不能去干预和改变这些因素，天文学主要是靠天文工作者长年累月的天体观测作为天文资料的来源，因而**天文学主要是一门观察的科学。**在气象科学中，气象台、站要对气象要素（如气温、气压、湿度、风、云、降水等各种天气现象）进行系统的观测，对观测资料进行科学的分析和综合，才可能做出比较准确的天气预报。地质学、地理学、矿物学、动植物分类学等领域则通过野外实地考察（观察），搜集大量资料，加以整理描述，最后从中综合出若干规律，它是这些学科中应用的基本方法之一。比如，我国科学工作者曾多次对青藏高原进行地质考察，在珠穆朗玛峰地区找到了在漫长地质时期的海生动物化石。这些化石有力地证明了在五亿年前至四千多万年前，那里曾是一片汪洋大海，人们称它为“古地中海”。

观察的基本任务在于从观察对象中获取科学事实。即通过各种方式把观察对象的各种特性反映到观察者的头脑中，并用语言、文字或图像等方式描述出来，从而形成观察资料。观察资料虽然只是感性认识材料，但却是从观察对象中获取的第一手原始资料，因而具有极其重要的科学价值，是一切科学知识的起点。从这个意义上可以说，认识发源于经验，科学开始于观察。

在自然科学研究中如何正确地使用观察方法呢？

这其中很重要的因素是要坚持“观察的客观性”和选择观察对象的典型性。

列宁在《哲学笔记》中提出辩证法的十六条要素，其中第一条就是“观察的客观性”，他补充说：“不是实例，不是枝节之论，而是自在之物本身”。**坚持观察的客观性，就是要采取实事求是的科学态度，对事物进行周密系统的全面观察和分析。这是科学观察的基本原则。**

科学的观察首先必须做到所收集到的材料是真实可靠的。实践证明，人们的感觉能够正确地反映事物的现象，但是由于感觉器官的局限或者由于感觉器官生理状态的变化，常常会造成错觉。这就需要借助于仪器等手段排除错觉，避免由此而产生虚假的观察。有时，由于无意识地根据头脑中过去的经历、知识去填补空白而造成观察的错误，这就需要通过随机取样和反复核对等方法来加以解决。

在自然科学的研究中，一种新的现象，常常需要重复观察，才能被正式确定下来。**科学的观察必须力求全面系统，**就是说必须对所观察对象的存在条件、它的各种表现形态、它在时间上的演化及空间上的分布等等，都要尽可能做周密的考察。通过观察获得的数据应力求丰富和系统；不应是零散不全的，而且还要注意搜寻每个细节，对重要的细节更不能轻易放过。有创造才能的科学家往往具有敏感性，他们能够出色地利用表面上微不足道的线索而取得显著的科学成果。

科学的观察既要有目的性，又要避免先入之见的干扰。人们的观察总是有明确目的的，是有意识地去搜寻自己认为有价值的具体事物，或者去验证先前提出的假说。然而，人们在观察时，思想应该不受约束，以免出于先入之见而只是搜寻预期的东西，而忽略了其他意外的情况。所以**观察不是消极地注视，而是积极地探索未知领域的过程。**

科学的观察还要有翔实的记录，要用规范的术语、约定的符号、标准的计量单位，并借助绘图、摄影等手段，把观察的结果详细记录下来。

总之，养成良好的观察习惯是增进科学素养的一个重要标志。

科学史表明：只有对自然事物的各种规定、各种关系和各个方面，进行客观、全面的观察，取得丰富、系统的科学观测资料，才能为透过现象深入本质，为发现科学真理打下坚实的基础。

著名的英国生物学家达尔文创立生物进化论，是大量科学考察的结果。从1831年到1836年他以博物学家身份乘坐“贝格尔号”军舰进行为期五年的环球航行，从欧洲到南美洲、大洋洲、亚洲，对各地区的动物、植物和地质构造进行了仔细的研究，搜集了大量的科学资料。比如，他在太平洋中的加拉帕戈斯群岛逗留的五周期间，最吸引达尔文注意的是那里的雀类的多样性。它们至今仍被称为“达尔文雀”（即“岛雀”）。他通过周密的考察发现：这些鸟至少分为十四个不同的种，彼此的主要区别是喙形状和大小的不同；这些特殊的物种在世界其他地区并不存在，但是却同南美大陆的一种雀有明显的近亲相似性。根据这些科学资料，达尔文做出了合理的解释：它们都是大陆雀类的后代，由于长期栖居岛上觅食方式的不同，而引起了喙的变异。达尔文正是通过这次科学考察和长期的科学实验中所积累的丰富材料论证了生物进化的理论，并于1859年出版了名著《物种起源》，第一次把生物学放在科学的基础上。我国卓越的气象、地理学家竺可桢在研究气候变迁、物候学等方面，取得了重大的科学成果，是和他数十年如一日地坚持长期、系统的科学观察分不开的。竺可桢为了研究物候的变化规律，即研究自然界的植物、动物和环境条件的周期变化之间的相互关系，从青年时代起，他就不间断地、周密地审察、记录并研究自然界的有关现象。他每天起来第一件事就是测量包括气温、气压、风向、湿度在内的气象要素，一直坚持到逝世前一天。每年他都要仔细记录北京北海公园冰冻和融化、植物开花、燕子归来、布谷鸟初鸣等物候现象的日期，从不间断。这些科学资料，就成为他研究物候学的重要根据，他在晚年出版的《物候学》，就是一本积累了几十年研究成果的著作。

自然界的事物常常是错综复杂的，为了把自然现象简化，把可变因素尽可能减少，观察时可以通过选择典型来实现。在生物学中，要选择自然界比较简单、典型的生物作为观察对象，这样易于揭示生物的运动规律。比如著名的奥地利遗传学家孟德尔做植物杂交试验时，巧妙地选择豌豆作为试验材料。豌豆是杂交试验很有利的对象，它有七对稳定、易于区别的性状：种子颜色、种子表面状态、花色、蔓高、未成熟豆荚颜色、豆荚形状和花的部位等。孟德尔试验中一次注意一个简单性状，例如花色。当一个简单特性的行为被确定以后，他继而同时研究第二个特性，例如花色和蔓高。他计算杂交子代中每个类型的个体数，由此把遗传现象建立在可计算的数量基础上。事实说明：1865年他发现“孟德尔遗传规律”是和选择豌豆作为试验材料密切相关的。又如美国实验胚胎学家、遗传学家摩尔根，从1909年起就选择果蝇作为研究遗传学的试验对象。染色体是遗传的主要物质基础。果蝇的染色体很简单，每个细胞只有四对，易于观察，果蝇的生活史约为两周，生殖力很高，每对亲本可以产生上百甚至上千个子代，它们会产生许多遗传变异。果蝇还有几十种容易观察的遗传特征。果蝇的这些特性对研究生物遗传规律是非常简明的。摩尔根正是正确地选定果蝇作为试验对象，做了大量的研究工作，使他把孟德尔遗传规律推向前进，创立了遗传学的基因学说。

观察方法在自然科学中起着重要的作用。对自然界进行长期、周密、系统的观察能够收集新材料、发现新事实，它是科学认识的一个重要源泉，也是检验真理性的标准。正如爱因斯坦所说：“理论之所以能够成立，其根据就在于它同大量的单个观察关联着，而理论的‘真理性’也正在于此”。在近代物理学发展中，有些物理学理论的提出和验证，是建立在天文观测基础上的。牛顿力学是从观察行星运动中总结出来的。爱因斯坦广义相对论著名的三大验证，即水星近日点的进动、光线在引力场中的弯曲和光谱线在引力场中的红移，都是天文观测的结果。现代天文学对巨大天体活动的观测，为研究引力本质和物质结构提供了良好的条件。在基本粒子物理学中，对宇宙线的长期、系统观察，相继发现了正电子、μ子、π介子、κ介子、λ超子、Σ超子等基本粒子，测出了它们的质量、电荷的符号、寿命、衰变方式、相互作用的某些特征以及相互转化的某些规律，加深了人们对物质结构的认识。据报道，我国新建的世界上海拔最高的高山乳胶室，在宇宙线中观察到了能量超过400万亿电子伏特的粒子事例，这种粒子要相当于目前世界上最大加速器（5000亿电子伏）的千倍以上的能量才能产生。这种粒子的发现，为研究高能核作用提供了有用的资料。位于中国贵州省平塘举世瞩目被称为“天眼”的500m口径球面射电望远镜（FAST）于2016年9月25日正式落成启用。2017年10月10日FAST发现6颗脉冲星，12月又新发现3颗脉冲星，截至2018年9月12日，“天眼”已发现59颗优质的脉冲星候选体，其中有44颗已被确认为新发现的脉冲星。有望于2019年下半年完成验收并向全国天文学家开放使用。这为天文学的发展提供了更为丰富的观测资料。

如今由于空间技术、遥感技术的应用，使观察手段发生了革命性的变革，观察方法日益发挥重要作用。过去人们只能在地球上进行观察，限制了人们的认识。比如大气像一层帷幕那样挡住了来自宇宙的辐射，透过大气“窗口”到达地面能够被我们感知的信息仅是很少的一部分。空间科学技术把观测仪器甚至观测者带到外层空间，克服了大气层对观测的限制，使人们获得了在地面上无法感知的大批信息。比如空间观测站可以避开大气屏障，直接收到来自遥远天体的各种信息，

于是相继发现了太阳耀斑发射出大量宇宙线粒子，还发现了宇宙空间中X射线源和γ射线源等现象。又如通过星际飞行器，可以摆脱地球引力的束缚，直接到达其他天体进行实地考察，使昔日的间接观察变为直接观察和实验。登月考察确定了月球的年龄甚至比地球还要古老，证实了它的环形山是流星轰击形成的。火星探测器在火星表面着陆，搞清了火星运河大部分是一些暗斑偶然排列而成的，并非真正的运河；查明了火星极冠主要是水冰，也有少量干冰。

从地面上的观察发展到宇宙空间的观察，标志着人类认识、改造自然的新的里程碑。它表明，人类的认识能力是不断发展的，发展是无限的，所谓“认识的极限”是不存在的。

在充分肯定观察方法在自然科学中的重要作用的同时，也要看到它的局限性。恩格斯说：“单凭观察所得的经验，是绝不能充分证明必然性的。”比如，白天和黑夜的依次交替是观察到的现象，但这并不能判定两者存在因果必然性。恩格斯接着说：“必然性的证明是在人类活动中，在实验中，在劳动中。”**事实说明，判定事物之间的因果联系要依靠实验方法，并借助于理论思维，才能弥补单纯观察的不足。**

在如何对待观察的问题上历来存在着不同哲学观点的对立和斗争。比如19世纪德国物理学家、生理学家亥姆霍兹用人们视力的缺陷和眼睛的构造，去“证明”人们的眼睛对它所看见东西状况的报告是不正确和不可靠的，从而宣扬不可知论。恩格斯批判他的观点时指出：“除了眼睛，我们还有其他的感官，我们还有思维活动。”人的眼睛虽然直接看不见紫外线，而蚂蚁对紫外线有反应，但人可以借助于科学仪器和思维对紫外线有比蚂蚁先进得多的认识。对原子、电子等微观粒子，虽然人的眼睛不能直接看到，但可以用仪器来测量，用思维来把握。所以，感官的感知范围绝不是人的认识的绝对界限。又如，20世纪经典物理学发展到量子物理学，测量问题是其中一个重要的认识论问题。在经典物理学中，宏观物体物理量的测量是很明确的，但在微观领域里问题要复杂得多。比如德国物理学家海森堡提出的“不确定关系”表明，由于微观粒子的波粒二象性，不能同时确定其位置和速度（或动量）。各派物理学家对测量问题曾做出了不同的哲学解释。海森堡认为：“在原子物理学中，观测者和客体的相互作用引起受测系统不可控制的、巨大的变化。”“我们不能够将一次观测结果完全客观化，我们不能描述这一次和下一次观测间发生的事情。”“我们已把主观论因素引入了这个理论。”玻恩（M. Born）认为：“量子力学取消了主客体之间的区别。”按照辩证唯物主义的观点，微观物体和宏观物体一样，都是不依赖于人的认识而客观存在的，都是可以被认识的。人的感官不能直接觉察到微观世界的运动形式，但是能通过测量转换成其他的可认识的运动形式而被人间接地感知。在量子力学中，微观客体和测量仪器之间不可避免地存在着相互作用。对微观客体的观察，正是通过这种相互作用的联系才能揭示微观客体的特性；通过不同仪器去观察微观过程，就可以从各个侧面认识微观客体的特性，进而认识客体本身。但是，**用辩证唯物主义观点，对微观领域的测量问题**，做出**科学的、有说服力的解释，仍然是摆在我们面前的一个课题。**

第二节　实验方法

实验方法是人们根据研究的目的，利用科学仪器、设备，人为地控制或模拟自然现象，排除干扰，**突出主要因素，在有利的条件下去研究自然规律获取科学事实的一种研究方法。**实验方法比单纯的观察方法有明显的优点。**观察只能在自然发生的条件下进行，当然受到自然条件的局限；而实验方法是人为地去干预、控制所研究的对象，是在有意识的变革自然中去认识自然，更有利于发挥人的主观能动性去揭示隐藏的自然奥秘。**

比如，人们对“基本”粒子的研究，一种是用观察方法，即观察来自宇宙空间的高能粒子流，但是人们只能等待来自宇宙空间的“不速之客”，即“靠天吃饭”。另一种是实验的方法，即用高能加速器把带电粒子如电子、质子加速到很高速度，然后去和靶物质相碰撞，碰撞的结果会产生大量新粒子和新现象，人们可以更加能动地去揭示微观结构的奥秘。

实验方法就其人为地控制和变革自然过程而言，属于实践活动的范畴。但它有别于生产实践，它的主要任务是研究还未认识或未充分认识的自然过程，去发现自然规律，发明新的材料、新的器件、新的工艺，从而推动社会生产力的发展。因此，用实验方法去认识自然，是物质生产活动的一种特殊的准备和试探，是为物质生产活动服务的精神生产活动。

实验方法在认识过程中有哪些特殊作用呢?

一、实验方法具有简化和纯化的作用。

马克思在论述这一特点时指出：“物理学家是在自然过程表现得最确实、最少受干扰的地方考察自然过程的，或者，如有可能，是在保证过程以其纯粹形态进行的条件下从事实验的”。**因为自然现象是复杂的，由于各种因素互相交织，往往把事物的本质掩盖起来。实验方法可以借助于科学仪器、装备所创造的条件，排除自然过程中各种偶然的、次要因素的干扰，使我们需要认识的某种属性或联系以比较纯粹的形态呈现出来，比较容易和精确地发现支配自然现象的规律。**

例如，1799 年英国科学家亨弗利·戴维否定“热素说”的实验。他在真空中用一只钟表机件使两块冰相互摩擦，并把整个实验仪器都保持在水的冰点，这样就排除了实验物和周围环境的热交换，使实验在较纯粹的条件下进行。在这样纯化了的条件下，把两块冰互相摩擦，结果冰融化了。实验结果证明了冰融化所需的热，只能来源于摩擦，有力地驳斥了“热素说”。又如，1956 年为了验证弱相互作用下宇称不守恒这一假设，美籍华裔科学家吴健雄用钴-60 来做实验。但在常温下由于钴-60 本身的热运动，其自旋方向是杂乱无章的，实验无法进行。因此，必须把钴-60 冷却到 0.01K，使钴核的热运动停止下来，实验中把热运动的干扰排除后，宇称在弱相互作用下不守恒的假设被证实了。

二、实验方法可以强化对实验对象的作用，使它处于某种极限状态中，这样有利于揭示新的自然规律。

科学实验可以造成自然界中无法直接控制而在生产过程中又难以实现的特殊条件，如超高温、超低温、超高压、超高真空、超强磁场等，这样在外力的强大作用下，使物质变化的过程向指定方向强化，去获取生产实践中不易或不可能得到的新发现。在超高压作用下，物质原子间的自由空间被压缩或电子壳层发生巨大变化，会引起物质的物理性质和化学性质发生显著变化（如石墨变为金刚石）或者合成自然界尚未发现过的物质（如性质极硬的氮化硼等)。对超高压下物质的研究，有助于对地球（或其他天体）内部的物质状态的了解。在超高温的条件下，物质处于由离子、电子及未经电离的中性粒子组成的“等离子体”态，它和气体有大不相同的运动规律，因此有人称为“物质第四态”。如对氚（重氢）的等离子体的研究，是目前探索实现受控热核反应的重要途径。

三、运用实验方法去寻求自然规律和变革自然的手段是比较经济、可靠的。

人类对自然界的认识和实践的过程是非常曲折、复杂的，往往会经过许多次的挫折和失败才能成功。但如果运用实验方法，其规模和范围要比生产实践小得多，即使发生多次失败，损失也不会大。这样，就使人们可以用科学实验中付出的极小代价，去换取认识自然和改造自然的更大成果。如德国医生兼细菌学家欧立希（P. Ehrlich）经过了 605 次失败，才发现了化学药物六零六（学名胂凡纳明)，开创了化学治疗的新时代。

科学史表明：近代自然科学的重大突破，一般不是直接来自生产实践，而主要是通过实验研究来实现的。例如电磁感应定律的确立，放射性化学元素的发现，基因学说的形成，都不是直接来源于生产，而是实验研究的结果。

从观察、实验中获得科学上的新发现有一个基本的条件即观察、实验的结果必须可以重复出现。这就是说，任何一项发现至少也应该被另外一位研究者所重复证实，否则不能算一项发现。比如著名的 J/ψ 粒子的发现，1974 年 10 月由丁肇中领导的实验小组在美国布鲁海文国家实验室和由里希特（B. Richter）等人在美国斯坦福直线加速器中心的实验室，在相近的日子里确认了这种新粒子的存在。同年 10 月 15 日西欧核子研究中心实验室立即重复这个实验，马上找到了 J/ψ 粒子，因而这一发现得到举世公认，获得了诺贝尔奖。相反，实验不能重复就不能说实验已经成功了。比如，从爱因斯坦的广义相对论得出的一个预言即引力波的存在。由于引力波的效应非常微弱，用观测方法去探测是十分困难的课题。美国物理学家韦伯（J. Weber）从1957年起就开始设计和安装可以接收引力波信号的天线去进行探测。到1969年，韦伯曾经宣称，他的仪器收到了来自银河中心的引力波信号。这项工作曾轰动一时，随后许多国家都出现了探测引力波的实验小组。但是，所有这些小组都没有收到任何引力波信号，所以至今韦伯的结果没有得到大家的承认。**2016年2月11日，LIGO合作组宣布，于2015年9月14日首次探测到引力波，证实了爱因斯坦100年前所做的预测，直接探测到引力波的存在，弥补了爱因斯坦广义相对论实验验证中最后一块缺失的“拼图”。科学家花费数个月时间验证数据并通过审查程序，才宣布这个消息，标志着全球各地研究团队数十年努力的最高潮。**

2016年2月11日，LIGO合作组和Virgo合作团队宣布他们已经利用高级LIGO探测器，首次探测到了来自于双黑洞合并的引力波信号。2016年6月16日凌晨，LIGO合作组宣布：2015年12月26日03：38：53（UTC），位于美国汉福德区和路易斯安那州的利文斯顿的两台引力波探测器同时探测到了一个引力波信号；这是继LIGO 2015年9月14日探测到首个引力波信号之后，人类探测到的第二个引力波信号。2017年8月17日，激光干涉引力波天文台（LIGO）和室女座引力波天文台（Virgo）首次发现双黑洞合并引力波事件，国际引力波电磁对映体观测联盟发现该引力波事件的电磁对映体。英国天文物理学大师霍金表示，他相信这是科学史上重要的一刻。引力波提供看待宇宙的崭新方式，发现它们的能力，有可能引起天文学革命性的变化。这项发现是首次发现黑洞的二元系统，也是首次观察到黑洞融合。传统的观测天文学完全依靠对电磁辐射的探测，而引力波天文学的出现则标志着观测手段已经开始超越电磁相互作用的范畴，引力波观测将揭示关于恒星、星系以及宇宙更多前所未知的信息。

随着现代自然科学的飞速发展，实验方法的种类日益增多，内容十分广泛。下面举例说明。

按实验中量和质的关系，可分为定性实验、定量实验和结构分析实验等。

1）**定性实验，用以判定某因素是否存在，某些因素之间是否有关系等。**比如，物理学中有赫兹的实验证明电磁波存在的实验，列别捷夫证明光具有压力的实验，迈克耳孙-莫雷否定以太存在的实验，戴维孙-革末（C. J. Davisson-L. H. Germer）证明实物粒子具有波粒两象性的电子衍射实验等。又如化学中的定性分析，即用实验方法去鉴定物质中含有哪些元素、离子和功能团等。

2）**定量实验，用以测定某对象的数值，或求出某些因素间的经验公式、定律等。**比如，物理学中卡文迪许测定引力常数的实验，斐索（A. Fizeau）测定光速的实验、焦耳测定热功当量的实验、汤姆孙测出电子荷质比的实验、密立根测定普朗克常数的实验等。又如化学中的定量分析，即测定物质中各成分的含量。法国化学家普鲁斯特（J. L. Proust）把各种不同的化合物做了仔细的定量分析后建立了经验定律——定比定律。英国化学家道尔顿对由两种相同元素生成的多种化合物做定量分析后，建立了经验定律——倍比定律。

3）**结构分析实验，用以测定化合物的原子或原子团的空间结构。**由于同分异构现象的存在，人们不仅要定量地测出化合物的化学组成，而且要测定原子或原子团的空间配置。这种实验方法较多地用于化学、生物等学科。如乳酸分子的化学结构中，测出有一个不对称碳原子，它们的空间结构像实物与镜像，就有两种旋光异构体存在：一种使偏振光朝左旋的称“左旋体”；另一种朝右旋的称“右旋体”。又如，20 世纪 50 年代初期，美国生物化学家华特生（J. D. Watson）和英国物理学家克里克（F. Crick）根据 X 光衍射分析，阐明了脱氧核糖核酸（DNA）分子的基本空间结构是双链的螺旋结构，以及它的四种核苷酸中所含碱基的配对规律，从而揭示了生物遗传的内部机制。

按实验在认识过程中的作用，可分为析因实验、对照实验、中间实验等。

1）**析因实验，这是由已知结果去寻找原因的实验。**19 世纪 80 年代，惰性气体氩的发现就是一例。英国物理学家瑞利（RaM. gh）将空气通过化学捕集器，把空气中的碳酸气、氧气、水蒸气分别吸收掉，从而得到的氮，每升重 1. 2572g；从分解氨里得来的氮，每升却重 1. 2560g，比前者轻约千分之一克。这是什么原因造成的呢？英国物理化学家拉姆塞（W. Ramsay）进一步对从大气中获取的氮进行研究。他设计了一个实验，把从空气中捕集的氮通过炽热的镁屑，把氮气吸收后，剩下的气体测出其密度是氢气的 20 倍（普通氮的密度是氢的 14 倍）。经过光谱确证它是一种新的惰性气体——氩。又如 20 世纪初，法国细菌学家尼科尔（C. J. H. Nicolle）注意到城里流行着斑疹伤寒，由于这种病人入院时都彻底洗了澡并换掉了病人带虱子的衣服，因而这种病在医院里没有传播。尼科尔断定，体虱一定是斑疹伤寒的媒介。他通过实验证明了他的推断是正确的，因而获得了 1928 年诺贝尔生理学或医学奖。

2）**对照实验，这种实验有两个或两个以上的相似组群，一个是“对照”组，作为比较的标准，另一个是“试验”组，通过某种实验步骤，以便人们确定它对试验组的影响。**大多数生物实验是对照实验。比如，人们早就观察到植物向光生长的现象，但是光线是作用在植物的什么部位而使它发生向光生长的呢？达尔文用一个对照实验研究这个问题，他将一组植物不做任何处理，将另一组植物的生长锥套上用锡箔做成的不透光的小帽子，让这两组植物放在侧光下生长，结果发现，没有处理的表现出向光生长现象，经过处理的则没有这种现象，从而确定了光线作用于生长锥而使植物产生向光生长的现象。

3）**中间实验，在工程建设中用以检验设计方案，为生产实践做准备。**对于比较大型或复杂的生产项目，选定设计方案后，需要做中间实验，以检验方案技术上是否先进、经济上是否合理，以便暴露矛盾进行修正，然后才能正式施工或大批量生产，这类实验更接近于生产实际，可以说是生产实践的练兵和演习。

以上列举的几种实验方法都是直接对研究对象进行试验，另外还有一类实验是间接实验，即用实验手段去模拟自然界的演变过程，从而研究自然界的规律，称为模拟实验。这类实验涉及的内容较多，会在下节中专门讨论。

第三节 模 拟 方 法

在科学实验中，有时受客观条件限制不能对某些自然现象进行直接试验。例如：在自然过程中有的“时过境迁”（如地球上生命起源的进化过程）；有的范围广大，各种因素互相交叉，十分复杂（如大气环流）；有些工程、建筑为了确保安全，不允许直接进行实验（如水库、电力系统等）；有些工程的设计方案是否合理可靠，由于因素复杂难以用数学计算来判定等等。在上述情况下，人们可采用间接试验的方法——**先设计与该自然现象或过程（即原型）相似的模型，然后通过模型间接地研究原型的规律性，这种实验方法叫作模拟方法。**这里，原型既可以是自然界中存在的事物，也可以是人类在改造自然的计划中所预期的产物。前者如用高电压试验装置来模拟自然界的雷击；后者如用船模来模拟设计中要建造的船舶。

模拟方法已有很长的历史。我国历史文献上就有关于张中彦“手制小舟，才数寸许”的记载，记述了在造船舶时，先做船舶模型的过程。在国外，1638年伽利略在《论两门新的科学》的文集中曾提到，当威尼斯商人在建造一艘比一般船的尺寸大的帆桨船时，其支柱按外形的比例放大，就显得不坚固。他指出，这表示了一门新科学的萌芽。到20世纪30年代，随着模拟方法的广泛应用已形成了一门新的学科——相似理论。相似理论的建立，为现代的模拟方法奠定了科学的理论基础。人们根据相似理论，不仅可以确定相似现象的基本性质、必要和充分条件，而且可以定量地设计模型，并把模拟实验的结果定量地推广到原型中去。

根据模型和原型之间相似关系的特点，可以把模拟分为两大类：物理模拟和数学模拟。

物理模拟，是以模型和原型之间的物理相似或几何相似为基础的一种模拟方法。所谓物理相似，就是说在模型和原型中所发生的物理过程都是相似的。这里讲的物理模拟是广义的，既包括对无生命界的物理过程的模拟，也包括对生物界的生理过程或病理过程的模拟。在无生命界，物理相似要求有关的所有同名物理量之间的相似，即所有的矢量（如，力、速度、加速度等）在方向上相应地一致，在数值上相应地成比例，所有的标量（如，密度、温度、浓度等）在对应的空间点上和时间间隔上都相应地成比例。在这种情况下，模型和原型之间只有大小比例上的不同，其物理过程都是一样的，模型只不过是原型精巧的放大或缩小。例如，在修建大型水库或堤坝时，先按一定比例做一个小的水库或堤坝模型，在相似的物理条件下进行实验研究。在设计超音速飞机时，先制造一个按比例缩小的飞机模型，在“风洞”中进行高速的吹风实验，等等。在生物界，用动物来模拟人的生理过程或病理过程，也属于物理模拟。在医学研究中，用实验的方法探索某种疾病的病因、筛选药物、鉴定药物的疗效和毒性等工作都不宜先在人身上进行，因此必须利用人体和某些哺乳动物生理过程和病理过程的相似，以这些动物作为模型进行实验。例如，为了研究气管炎发病的自然条件，可以将猴子、大白鼠等实验动物置于烟熏、低温等条件下观察其发病的过程。为了考察尼古丁的毒害，可以将尼古丁从烟草中提取出来，注射到实验动物体内，观察由此引起的各种病理变化。为了筛选治疗胃癌的药物，可以将相应的癌细胞接种到实验动物胃的组织上，然后进行实验。用实验动物作为人体的生理模型和病理模型进行实验，可以达到比较大的规模，并且根据实验的需要不断重复和进行剖检。现代医学总是首先在实验动物即模型上进行大量工作，得到可靠的结论，然后再应用于临床。

随着科学实践的发展，人们又创造了一种新型的模拟方法，即数学模拟。

数学模拟，是以模型和原型之间在数学形式相似的基础上进行的一种模拟方法。列宁曾指出：“自然界的统一性显示在关于各种现象领域的微分方程式的‘惊人的类似’中。”自然界的这种统一性，为数学模拟提供了客观基础。任何两种不同的物理过程，只要它们所遵循的规律在数学方程上具有相同的形式，就可能用数学模拟的方法来进行研究。

例如，在流体力学中，水头 h（又叫流速头或流速高度）的方程：$\frac{\partial^2 h}{\partial x^2}+\frac{\partial^2 h}{\partial y^2}=0$ 与电学中电势 U 的方程：$\frac{\partial^2 U}{\partial x^2}+\frac{\partial^2 U}{\partial y^2}=0$ 具有完全相似的数学形式，即拉普拉斯方程。因此，我们可以用数学模拟的方法，将所要研究的渗流场用一个与之相似的电流场来代替，在实验室内用一套相应的电路装置来模拟地下水的运动。这一电路装置，就是地下水运动的数学模型，简称为电模型。这种采用电模型的数学模拟，又叫作电模拟或电拟法。到了 20 世纪中叶，电子模拟装置即电子模拟计算机的出现，使得数学模拟的发展进入了一个崭新的阶段。例如，在电力系统中，大型锅炉的设计及其完成后的加温加载实验、大型汽轮发电机、水轮发电机中的自动调节系统等的设计和研制，都可以采用电子计算机进行数学模拟，这样既提高了设计质量，又缩短了研制时间。

物理模拟和数学模拟是两种各有特点的模拟方法。物理模拟可以将原型中发生的综合过程在模型中全面反映出来，这些复杂过程往往不是简单的数学方程式所能表示的。数学模拟则使用简便，通用性强。例如，电力工业中采用的动态模拟实验装置就是物理模拟，而各种类型的计算台（直流计算台、交流计算台）和电子计算机等是数学模拟常用的工具。

模拟方法有许多优点，因而在科学研究中被广泛采用，并对科研起着重要的作用。

第一，运用模拟的方法，可以使人们对已经时过境迁的自然现象进行实验研究。例如，1952 年米勒用甲烷、氨、氢和水汽混合成一种与原始地球大气基本相似的气体，把它放进真空的玻璃仪器中，并连续施行火花放电，以模拟原始大气层的闪电。只用了一星期的时间，居然在这种混合气体中得到了五种构成蛋白质的重要氨基酸。而在自然界中，完成这种转化需要很长的年代。这为研究生命起源开辟了一条新途径。

第二，运用模拟方法，可以将自然现象放大或缩小，或使自然现象在短时间内重复出现，以便于观察研究。例如，中国科学院大气物理研究所进行的大气环流模拟实验，可以将由地面垂直向上几万米的整个大气层的运动，在实验室里再现出来。大气环流模型的转台，每半分钟左右转一圈，就能模拟一天的气候变化，三个多小时就能模拟一年的气候变化。

第三，模拟方法是工程设计的有力辅助工具，既可提高设计质量，又可缩短研制的工期。比如北京工人体育馆的设计采用了先进的悬索结构，建筑物的直径达 94m，当时是世界上最大的悬索结构。在设计研究中，采用了物理模拟的方法，先后做了直径为 5 米和 18 米的模型，进行力学模型实验。通过实验积累了大量科学资料，为设计提供了可靠的依据，使该建筑较快地顺利建成。

第四，运用模拟方法来训练各种复杂技术的操作人员是既安全又经济的方法。例如，运用电子计算机模拟，可以构成飞机或宇宙飞船的驾驶员训练器、潜艇操纵训练设备，以及专门训练电力系统中心调度室调度人员的模拟设备。用这些模拟装置进行训练，既能避免事故，又能节省人力物力。

第五，运用模拟的方法，可以使人摆脱危险，避免事故。例如，在宇宙航行中用狗作为生理模型代替人去探险，以及在医学中用动物作为病理模型代替人来进行毒性药物疗效的实验等。

上面介绍了观察、实验方法的特点和作用，接着的问题是如何运用观察和实验方法达到人类认识自然、改造自然的目的，这就涉及实验仪器装备和实验技术的作用问题，理论思维对观察实验的指导作用问题，如何正确对待在观察实验中的机遇等问题，下面三节分别加以讨论。

第四节　科学仪器的作用

科学仪器是人的感觉器官和思维器官的延长。如果说望远镜、显微镜和各种

探测器、传感器是人的感觉器官的延长，那么电子计算机可以比作人脑某些特定功能的延长。人们运用各种科学仪器，不仅能够扩大和改进自己的感觉器官，大大丰富感性认识的内容；而且可以用来代替诸如信息存储、图像识别、数值计算、逻辑推理等人脑的部分思维。随着现代自然科学的发展，科学仪器日益发挥着重大的作用。

科学仪器在观察、实验中有哪些功用呢？

科学仪器能够帮助人们克服感觉器官的局限，在广度和深度上极大地增强认识能力，使过去观察不到的现象显示出来，过去分辨不清的东西变得清晰，人的认识因此进入到新的领域。比如天文观测中，过去人们只能凭肉眼观察，会受到生理条件的制约。1609 年伽利略制造了第一架天文望远镜，并利用它发现了月亮上的山峰和山谷，木星的四个卫星，金星、水星的盈亏现象以及银河由无数恒星组成的等事实。望远镜的改进解决了人们长期分辨不清的天文现象。自 19 世纪中叶宇宙岛概念提出以来，对于银河系以外的星系是否存在的问题争论了几十年：人们早就发现的仙女座大星云究竟是银河系内的弥漫星云，还是银河系外的庞大恒星集团？1917 年口径 2. 5m 的光学望远镜建成，1923—1924 年间美国天文学家哈布耳用这台仪器把仙女座大星云的边缘分解为一颗颗恒星，并测定仙女座星云距离地球约为 80 万光年，证明了它是离我们较近的河外星系，这一观测成果，不仅解决了长期的争论，而且开辟了研究河外星系的新领域。现代射电天文望远镜把人们的视野扩展到和地球相距 100 亿光年的天体，20 世纪 60 年代以来天文学的一些新发现，如类星体、脉冲星、星际分子和宇宙微波背景辐射等都是由射电天文观测首先得到的。又如在生物学研究中，显微镜等新仪器的应用，使人类对生物显微结构的认识不断深化。细胞和细菌的发现，是由于光学显微镜的应用，细胞超微结构的研究，借助于电子显微镜的应用；生物大分子三维结构的测定，则是 20 世纪 50 年代借助 X 射线衍射所取得的成就。

科学仪器还能帮助人们改进认识能力，使感性认识更加客观化、精细化、准确化。

人的感觉往往要受到一些主观因素的影响，通过科学仪器的运用，引进客观的计量标准做比较，就可以排除某些主观因素的影响，而达到更加客观、更加真实的认识。人的感觉又往往是比较粗糙的，所得到的结果只能是定性的，运用科学仪器进行测量，能够获得精细的定量的知识。比如温度计用于热学的测量，天平用于化学的测量，钟表用于时间的测量等。又如现代激光技术的应用引起了精密计量的重大变革。激光频率及长度基准的建立使更精确地测量一些物理量成为可能。激光能成为一把很精密的“尺子”，一米量程误差不到千万分之一米，用激光测距仪测量地球和月球之间的距离误差仅 15 ~ 30cm。激光又可以成为一个很准确的时钟，是以多少万年差一秒来衡量它的准确度的。科学研究一向不满足于定性描述自然现象，总是力求测定数量关系。自然界各种物质运动形态的质和量是统一的，我们尽可能从数量关系上去把握它，才能深刻地认识它的质的规定性。对数量关系测量的精确程度从来都是观察实验水平的重要标志之一。因此，通过改进科学仪器和实验技巧，提高测量精度，往往是导致科学突破的一条途径。普朗克导入的能量子的概念，是从关于热辐射的精密定量实验中得到的。量子电动力学的建立，是和兰姆能级移动实验，即精确测定氢原子 $2S^{1/2}$ 和 $2P^{1/2}$ 两个能级的细微差别的实验密切相关的。在丁肇中发现 J 粒子以前，1970 年美国布洛海文实验室就发现过与它有关的奇怪现象，但由于仪器精度不高，无法辨认出这是不是由新的粒子所造成的。丁肇中等花了两年多时间特制了一架高分辨率的双臂质谱仪，正是这架高分辨率探测器，才使他在 1974 年发现了 J 粒子，打开了一个新的基本粒子家族的大门。

电子计算机具有逻辑判断、信息存储、高速精确计算、自动运行等功能，可以部分地代替人的脑力劳动，它的应用引起了观察、实验方法革命性的变革。电子计算机的应用是观察、实验手段现代化的重要标志，它可以用于图谱与资料的存储和检索。比如化学实验中，将大量已知的红外、核磁等实验结果存储于计算机，当未知试样的结果输入计算机后，很快就可以核对和鉴定出未知化合物的成分和结构，节省人力，提高速度。它可用于数量浩大、人力无法胜任的数据处理，如果用自动化仪表和计算机连成线，那么从测量、计算到分析、处理都可自动进行，最后由计算机给出实验结果的数据。比如在基本粒子的研究中，一个研究题目往往需要拍摄上百万张照片，用计算机处理就可以在数日内完成人工几年难以完成的工作。据报道，用每秒一亿次的计算机对一张遥感照片进行信息处理，粗糙处理要花 100s，精密处理要花三天到一个月时间。没有电子计算机，空间信息处理是难以完成的。用电子计算机进行理论计算，可以用来部分代替难以实现或花费昂贵的科学实验。如研究洲际导弹、载人航天飞行器进入大气层的空气动力学问题，用经济代价极高的风洞实验和模型自由运行实验，不仅要花费成年累月的时间，而且很难取得较好的结果，而应用空气动力学的理论在高速大容量计算机进行理论计算可以得到较好结果，因而开辟了计算空气动力学的新学科。

又如以往化学是一门经验学科，研究材料、药物等应用化学的领域内，许多工作只能凭经验去摸索，预见性和效果都很差。随着量子化学的推广应用，人们将能够通过理论计算，根据需要去“设计”新材料、新药物，这就叫“分子设计”。分子设计计算量非常大，对于一个电子的氢原子系统，可以用人工计算求解，而对于一个含 25 个碳原子、14 个氢原子、4 个氮原子、7 个氧原子的分子进行量子化学计算，就要做 100 亿个积分计算，只有用计算机才能解决问题。在这类新奇的“化学实验”中，使用的原料不是化学试剂，而是一些微观结构参数，把它们作为计算机的输入数据，按照预先设计的程序就可以从输出中获得所要的

“实验结果”。由于量子力学和计算机的应用，在化学领域中开辟出一个新的分支——计算化学。此外还出现了计算物理、计算力学、计算天文学等新兴学科，它们可以用电子计算机进行理论计算，部分地代替观察、实验，充分发挥理论的预见性，有力地推动现代科学技术的发展。

观察、实验的材料是科学理论概括的基础，而成功的观察、实验的实现，科学仪器、设备起着重要的作用，有时甚至是决定性的作用。近代科学史表明：科学技术上的重大突破和新的实验仪器、装备的建造，新的实验技术的发明和应用，实验精度的提高有着紧密的联系。有了精密天平才有了真正的定量分析化学，有了显微镜才会有巴斯德的细菌致病学说，有了经纬仪才有了大地测量学，有了高能加速器、乳胶室、云雾室、气泡室等高级实验设备和探测仪器，才开辟了基本粒子物理学这门新学科。

第五节　理论思维对观察、实验的指导作用

观察、实验和理论思维是相辅相成，不可偏废的。**只有观察、实验才能发现新现象，促进发现这些新现象所遵循的基本规律，也只有依靠理论思维才能发掘现象间的本质联系，提出科学假说，预测新事物的出现。**唯理论者贬低观察、实验，经验论者忽视理论思维，两者都是片面的、错误的。

运用观察和实验方法去研究自然和理论思维密切相关。不论是观察、实验题目的选择、观察实验的构思和设计，观察实验方法和技术的确定，观察实验数据的处理，以及由观察实验结果而做出科学结论等，都始终是受理论思维所支配的。

科学研究是向自然界中未知领域开战，观察实验研究题目的选择，确定主攻方向，是具有战略意义的大事。正确的选题，必须要有理论思维的帮助。科研人员要了解本门学科的历史、现状及存在的主要矛盾，善于发现科学发展每个阶段上出现的中心环节，这样才能选准突破口，开辟新方向。如 20 世纪初，人们是用 α 粒子（氦核）和质子去轰击原子核，产生人工核反应的。1932 年查德威克（J. Chadwick）发现中子后，意大利物理学家费米立刻认识到中子不带电，易于进入原子核内部，对产生核裂变最有效，因此他最早提出用中子轰击原子核。此后，许多科学家都在研究中子对各种原子核的效应。1939 年德国物理家哈恩（O. Hahn）、斯特拉斯曼（F. stassmann）在用中子轰击铀的实验中，实现了原子核的裂变。可见，费米选用中子来引起人工核反应的实验，对推动核物理的发展和人类对核能的利用，起着重要作用。科学史上，伽利略提出测量光速的问题、拉马克开创研究生物进化的问题等，都推动了科学的发展。**正确的选题要求观察、实验具有明确的目的性和计划性，但同时要有灵活性，注意追踪有成功希望的线索。**在自然科学的某一领域一旦出现新现象、新事物、新发现，有远见卓识的科

学家立刻会从各个可能的角度进行观察、实验，“跟踪追击”，去取得科学上的重大突破。这种情况在科学史上不乏其例。英国科学家法拉第早期的科学活动主要是协助化学家戴维进行化学研究，1820 年丹麦科学家奥斯特发现了磁针被载流导线偏转的现象，这个新发现给了法拉第很大启发，法拉第想：既然电流能引起磁的现象，反过来磁能不能引起电流呢？于是他开始了变磁为电的实验研究，终于在 1831 年发现了电磁感应现象。事实上，奥斯特的发现包含了电动机的原理，法拉第的发现包含了发电机的原理，他们的发现开辟了人类利用电能的新时代。

实验的构思和设计，是以理论思维为指导的。怎样利用已知的科学原理加以物化，设计出需要的仪器设备？怎样在实验中排除干扰，突出所要研究的因素？怎样提高测试精度，减少误差？这些问题都要依靠巧妙的理论思维。比如 17 世纪长期争论的一个问题：“是不是有一个有限的光速？”笛卡儿否定它，伽利略肯定它，他还用实验去测定它，但由于实验设备太差，结果失败了。但它启发人们想到，由于光速特别大，用普通时钟测时，就需要特大距离；若要在短距离测量，则需要非常精密的时钟。开始人们是沿着第一条思路去做，因为天文观测的特点是距离遥远，所以可应用天文学原理去安排对光速的测量。1675 年丹麦天文学家、雷默（O. Roemer）通过观测木星卫星的星蚀，1728 年英国天文学家布拉德莱通过观测光行差，都测到了光速。虽然测得的光速不太精确，但已肯定了光速是有限的，解决了长期争论不休的问题。19 世纪以后，光学实验技术有很大进步，人们沿着第二条思路在实验室中用物理方法测定光速。实验室内范围小，光行距离短，测量光速就需要能测出几千万分之一秒的时钟。这样精密的时钟，当时造不出来，但运用理论思维却把它造出来了。1849 年法国物理学家菲索（A. Fizeau）设计了一对高速旋转的齿轮系统，这套齿轮系统相当于一个精密的时钟，由它相应的转速，可以推算出光线在两齿轮间传播的时间。1862 年法国物理学家傅科（L. Foucault）使用转动镜代替菲索的齿轮，由旋转镜的转角可推算出光速。这些科学家用巧妙的实验设计解决了测量光速的难题。

通过观察实验获得的大量第一手资料——实验事实、资料、数据等，怎样揭示隐藏在资料背后的自然规律？事实说明以正确的理论思维为指导，对实验结果进行分析、综合，才能挖掘出它的深刻含义，从而导致新的科学定律的发现；相反，没有正确的理论指导，即使走到了真理的面前，也会错过它。例如，从中子的发现能说明理论思维对实验的指导作用。早在 1920 年英国物理学家卢瑟福在研究原子核的基础上就提出了可能存在一种质量与质子相近的中性粒子的假说。1932 年约里奥·居里夫妇在用 α 粒子轰击铍的实验中，发现一种很强的辐射，事实上已获得了中子，但他们未曾认真对待过关于中子的假说，囿于传统的观念，把它错误地解释为 γ 射线。而英国物理学家查德威克在卢瑟福的领导下长期从事寻找中子的工作，因而在他的头脑中立刻将中子假说和新辐射联系起来了，并设计了新的实验证明了这种新的辐射是粒子组成的，这种粒子的质量与质子大致相同，但不带电荷，因而证实了卢瑟福的假说，找到了一种全新的粒子——中子。最终查德威克由于发现了中子而获得1935年的诺贝尔物理学奖。又如丹麦天文学家第谷，用了三十年的工夫，精密地观察行星的运动，积累了大量科学资料。第谷虽然是一位杰出的观测者，但却不是一位高明的理论家，因为宗教信仰的缘故，他不愿意接受哥白尼的理论，他主张半日心半地心的混合体系，即行星围绕太阳，太阳率领行星再围绕地球而运行。由于没有完全摆脱地心说的枷锁，使他不可能从长期观察资料中得到正确的结论。他的助手开普勒继承了第谷的观察资料，同时他相信日心说，他假设“火星的运动轨道是椭圆，太阳位于椭圆的一个焦点上”。经过逐步逼近的计算，结果与观察资料符合很好，从而导致行星运动三定律的发现。

如上所述，理论思维对观察实验的指导作用是贯穿始终的。这里我们讲的“理论思维”是一个具有广泛含义的概念，既包括哲学思维，即世界观和方法论，又包括自然科学中的理论、假说以及联想和想象力等。观察实验是一种由不知到知，由现象到本质的认识活动，所以总是受一定的哲学思想所影响。观察实验作为科学研究的一种实践环节，又总是和自然科学中的理论、假说以及联想和想象力等紧密联系的。

总之，从事观察、实验的科学工作者要把精确、巧妙的实验技术和丰富的理论思维结合起来，既要动手，又要动脑，这样才有可能发现关键性的新现象，提供充足的材料，才能检验和修正理论的前提和假说，提出新的理论问题，促进科学的发展。

第六节　观察、实验中的机遇

科学观察和科学实验虽然是人们有目的、有计划的研究活动，但这毕竟是对未知自然现象的探索，因此不可能预先把一切进程都囊括无遗，总会不时地遇到一些意外的现象。在物理学及自然科学史上，与机遇密切相关的科学发现比比皆是。正确认识机遇的特点和作用、机遇产生的根源并善于捕捉机遇的条件，也是掌握和运用观察、实验方法的一些重要问题。

观察、实验离不开理论思维，都必须要有理论思维的指导。从选题到观察实验的设计和构思再到对获得实验材料的加工整理等，都有明确的目的性和计划性，不是盲目的。但是在观察、实验中常常出现下列情况：**在采取某种操作或措施后，却得到了意想不到的结果；如：在研究某一现象A时，却意外地发现了另一新现象B等。这种在观察和实验中出乎人们意料的新现象，称之为机遇。**在物理学中，意大利解剖学家伽伐尼（L. Galvani）在做青蛙解剖实验时，偶然发现了电流。德国物理学家伦琴在研究阴极射线管的放电现象时，偶然发现了 X 射线。法国物理学家柏克勒尔在研究荧光现象时，偶然发现了放射性铀盐。在化学中，英国化学家柏琴设想用化学方法合成奎宁时，偶然发明了人工合成染料“苯胺紫”。瑞典化学家诺贝尔（A. Nobel）偶然将棉胶倒进硝化甘油里，发明了安全烈性炸药（胶状炸药）。在生物学中，英国细菌学家弗莱明在进行葡萄球菌的研究时，偶然发现了青霉素。法国微生物学家巴斯德，在对鸡霍乱的研究中，偶然发现了减弱病原体免疫法原理。这种由机遇引起的新发现，在科学史中是不胜枚举的。

科学史上由机遇引起诸多的新发现，说明产生这种现象有其内在规律性。科学研究的重要特点之一是探索性，即通过各种途径去寻求自然界未知的规律。这个认识过程是曲折复杂的，不可能完全循着一条预定的路程达到预期的目的。所以科学研究的认识过程既有目的性，又有意外性。尤其对于开辟了新领域的发现，人们很难提前预见，因为这种发现往往不符合当时流行的看法。

在科学研究中，意外的机遇透露了大自然的信息，给我们提供了许多线索，新发现常常是通过对细小线索的注意而取得的。因此，我们要充分认识机遇的重要作用。有些科学家对机遇所提供的线索十分敏感，非常注意，并对那些在他看来有希望的方向进行深入地研究，这是科学家富有发明创造力的表现。达尔文的儿子在谈到达尔文时写道：“当一种例外情况非常引人注目并屡次出现时，人人都会注意到它。但是，达尔文却具有一种捕捉例外情况的特殊天性。很多人在遇到表面上微不足道又与当前的研究没有关系的事情时，几乎不自觉地，以一种未经认真考虑的解释将它忽略过去……正是这些情况，他抓住了，并以此作为起点”。这是达尔文所以能发现生物进化规律的重要原因之一。相反，有些科学家往往不去注意或考虑那些意外的机遇，因而在不知不觉中放过了偶然的机会，这样的科学家就缺乏发明创造的素养。机遇之所以出乎人们意料，是因为它突破了旧的科学理论或技术方法，所以它往往成为新的科学技术的生长点，会开拓出新的科技领域。如上所述，**伽伐尼和奥斯特的偶然发现，开辟了电磁学的新领域。伦琴和柏克勒尔的偶然发现，开辟了微观物理学的新领域。柏琴的偶然发现，开创了人工合成染料的新技术，弗莱明的偶然发现，开创了医学抗生素生产的新技术。**

思想敏锐的科学家在研究过程中会遇到很多意外的事件和线索，对所有这些问题都加以研究是力不能及的，也是不必要的。具有丰富的知识、充沛的想象力和独立思考能力的科学家，才能通过微不足道的小事，抓住有希望的线索。因为这些科学家头脑里充满了许多材料，经常思考着许多悬而未决的问题，往往一个线索的作用，就可使他“豁然开朗”，进而导致新的发现。1608 年荷兰有个磨眼镜的徒工里波斯在闲玩时，用一前一后两个透镜观看各种东西来消遣，他意外地发现让两个镜片离开一定距离，远处的物体看起来就像在眼前一样，从而创造出第一个望远镜，但他并不了解这个意外发现的深远意义。伽利略听到这个消息后，凭着他的远见卓识，马上意识到这个发现在天文学上的巨大意义。他很快发现了它的原理，造出放大倍数达30倍的望远镜，并用它来观察星空，发现了许多新的天文观察事实，这些事实成为哥白尼学说极重要的证明。19世纪下半叶，钢已成为应用十分广泛的一种金属，但钢的一个很难对付的问题是抗腐蚀性很差。不少科学家都在寻找不受腐蚀的合金钢。1913年英国冶金学家布里尔利（H. Brearley）想要找一种枪管的合金钢，但是，在他作为不合格而弃置的样品中有一种镍铬合金钢。几个月以后，他无意中在他那个废品堆中发现其余的都生锈了，唯独这种合金钢仍像从前那样光亮。不锈钢就是这样诞生的。

观察、实验中的机遇只提供一个线索，并不能真正解决问题、成功的科学家善于抓住有希望的线索不放，追根究底，弄清真相，做出科学解释，这是更重要，也是更困难的。在德国物理学家伦琴发现X射线之前，至少已有一个物理学家注意到这种射线的存在，但他只是感到气恼而已。而伦琴则不然，他发现阴极射线管即使用黑纸包起来，也能使二米外的涂有铂氰化钡的屏发出萤光，他断定一定有一种未知的射线在起作用，并称为X射线。他进一步研究发现，这种射线穿透力极强，并且不被磁场所偏转，从而使X射线成为医学和研究物质结构的有力手段。1928年英国细菌学家弗莱明正在进行葡萄球菌器皿培养，实验过程中器皿需要多次开启，从而使培养物受到了污染，这种情况是常见的。弗莱明注意到，某个菌落周围的葡萄球菌菌落都死了。许多细菌学家不觉得这有什么特别了不起，因为当时早就知道有些细菌会阻碍其他细菌的生长。然而弗莱明看到这种现象可能具有重大意义。于是，他进行检查想看看是什么杀死了细菌，他发现那是一种普通的真菌——青霉菌。青霉菌所产生的一种物质能杀死病菌，他把这种物质称为“青霉素”。后来又有英国生物化学家弗洛里（H. W. Florey）研究了提纯青霉素和使霉菌加速产生青霉素的方法，使青霉素能够大规模地生产和应用。

在电话发明家贝尔的塑像下面，篆刻着这样一段有关机遇发现的名言：“有时需要离开常走的大路，潜入森林，你就肯定会发现前所未见的东西”。这是贝尔通向成功之路的生动写照。贝尔在二十二岁时应聘担任美国波士顿大学语音学教授，他为了帮助聋哑人克服不能说话的困难，开始研究一种“可视语言”，设想在纸上复制出人的语言声波来，以便使聋哑人能从波形曲线中看出“话”来。由于识别波形曲线很不容易，使其设想无法实现。但是他在实验中却意外地发现，当电流导通或截止时线圈会发出“嗡嗡”的噪声，这引起他用电流传送语言的大胆设想。从此他专门从事这一方面的研究，并得到年轻的电气技师沃特森的通力合作，经过几年的反复实验，终于在1875年制成了世界上第一台实用电话机。

怎样对待机遇是科学探索中一个重要的认识论问题。法国微生物学家巴斯德说：“在观察的领域中，机遇只偏爱那种有准备的头脑”。勤于观察实验，勇于探索问题，碰上机遇的机会就更多。

留心意外之事，是认出机遇的重要条件。由于机遇的出现是意外的，因而容易被人未加注意而错过机会。德国著名化学家李比希就有过这样的历史教训。1826年法国化学家巴拉尔在进行从海藻中提取碘的实验中，意外地发现提取后的母液底部总沉积着一层褐色且具有刺鼻臭味的液体。巴拉尔对此意外之事非常留心，立即进行了深入研究，最终发现了一种新的化学元素溴。李比希也做过这样的实验，也碰到过这样的意外现象，但他未加深究地认定这种深褐色的液体是氯化碘，并在瓶上贴了一张“氯化碘”的标签。巴拉尔公布其发现后，李比希深感后悔，将那张“氯化碘”的标签揭下来“挂”在自己的床头，作为教训。巴拉尔的成功经验和李比希的失败教训都告诉我们，机遇并非唾手可得，只有对意外之事十分留心，才能抓住机遇，只有抓住机遇深入研究才能做出新发现。

这就是说要抓住机遇必须具备以下的科学素质：

第一要有丰富的知识准备的头脑，才能真正领悟机遇的重要意义所在；

第二要留心意外之事才能在机遇到来之时及时辨识出机遇；

第三要有批判的头脑。思想不受原有知识的束缚，才能抓住线索敢于创新。这是符合辩证唯物论的认识论所要求对待机遇的态度。

因此，我们**要反对两种错误倾向：一种是盲目崇拜偶然性，把成功的希望寄托在碰运气上，这是唯心论的倾向；另一种是否定机遇在认识中的作用，这样会阻碍人的认识能动性的发挥，这是形而上学机械论的倾向。**我们只有坚持辩证唯物论的认识论，才能正确对待科学探索中的机遇问题，去揭开自然界的奥秘。

第三章　科学抽象

认识自然界客观事物运动的规律，需要进行观察和实验；而对于从观察和实验中取得的经验材料，还需要进行理性的加工，最后才能把事物运动的本质抽象出来。在这一章里，我们对科学抽象的一般过程，科学抽象的一种特定形式——理想化的方法，以及科学抽象的重要成果概念做一些初步的讨论。

第一节　科学抽象及其意义

事物都有它的现象和本质。现象是指事物的外部形态、外部联系；本质是指事物内部的矛盾运动、内部联系。本质隐藏在现象背后，不能为人们直接感知。抽象，就是透过现象，深入里层，抽取出本质的过程和方法。通过科学抽象，人们才能就事物的内部联系对现象做出统一的、科学的说明。列宁写道："物质的抽象，自然规律的抽象，价值的抽象等等，一句话，那一切科学的（正确的、郑重的、不是荒唐的）抽象，都更深刻、更正确、更完全地反映着自然。"

一、科学抽象的基础

科学的抽象，不同于荒唐的玄想，它必须以实践作为前提和基础。人们只有通过实践才能获得关于客观事物的经验材料，因此才有可能进行抽象。而且实际应用抽象的方法也不是任意的：可以舍去什么，必须舍去什么，不能舍去什么，以及抽象的结果是否反映了客观实际，都必须由实践来确定和检验。例如，在空气动力学中，在不同的情况下要采用不同的空气模型：当飞行器做低速运动时，可以把空气的黏滞性和可压缩性舍去，但当考虑机翼的边界层时，则不能把黏滞性舍去，然而仍然可以把可压缩性舍去，当飞行器做声速运动时，黏滞性和可压缩性都不能舍去。这些都必须由实践来决定。单靠思维的判断和推理是解决不了的。因此，进行科学抽象必须重视实践，尊重实践。

从现象中抽象出事物固有的而不是臆造的规律必须充分地占有材料，这是科学抽象的必要条件。从个别的事实和零星的材料中，无法抽象出深刻的概念和规律。例如，早在1665年虎克用自己制造的一台复式显微镜已经观察到细胞（实际上是已经没有生命活动的细胞壁），并做了详细的描写。但是，从当时有限的观察材料中还不能抽象出"细胞"的科学概念。以后，在长达一百七十多年的时间里，人们积累了大量关于各种类型的有机体的显微结构材料，特别是搜集到关于细胞分裂的材料，才于19世纪30年代由施莱登和施旺得出结论即一切有机体，从简单的单细胞生物到复杂得多细胞生物都是由细胞组成的。这时才真正发现了细胞是有机体构造的基本单位，是生命活动的基本单位，从而把这个关于细胞的科学概念从大量材料中抽象出来。

众所周知，自然界物质运动的规律表现在一系列偶然现象之中。例如，动物在地球上的分布是由自然选择的规律所决定，而这种分布又受到各种偶然的因素如种子的传播、动物的迁徙、人类有意或无意的活动所影响和制约。达尔文正是收集到大量的有关的偶然现象，并进行了周密的考察，从中抽象出自然选择，从而为科学地说明生物的进化找到了根据。马克思在《资本论》第三卷中指出：要认识“通过这些偶然性来为自己开辟道路并调节着这些偶然性的内部规律，只有在对这些偶然性进行大量概括的基础上才能看到。”

由此可见，科学抽象必须从普遍存在的事实出发，从事物的全部总和出发，在对偶然现象进行大量概括的基础上，才能揭示事物的内部规律。

二、科学抽象的作用和意义

人们对事物本质的认识是通过一系列的抽象来完成的。列宁写道：**“认识是人对自然界的反映。但是，这并不是简单的、直接的、完全的反映，而是一系列的抽象过程，即概念、规律等的构成、形成过程……”毛泽东同志曾经将这个过程精辟地概括为：“去粗取精、去伪存真、由此及彼、由表及里”。**科学抽象的作用和意义是多方面的。我们将从以下几个方面，对它做一些初步讨论。

第一，区分事物的真相和假象，撇开事物外部的非本质的联系，让事物内部的本质的联系和过程暴露出来。

事物的现象和本质是有矛盾的。马克思说：“如果事物的表现形式和事物的本质会直接合而为一，一切科学就都成为多余的了”。就事物的现象和本质的关系来讲，存在着这样一类现象，它不仅掩盖着事物的本质，而且歪曲地反映本质，这就叫作假象。有时，两类不同的事物之间存在着某些表面上相似的现象，常常使人们产生错误的联想，外在的、非本质的联系误认为是内在的、本质的联系。因此，科学抽象的一个重要方面就是对现象进行分析和鉴别，撇开和排除那种外在的、非本质的联系，让本质的联系暴露出来。

例如，维萨里曾经做过在活体内结扎神经的实验。他观察到，结扎神经后，其所支配的肌肉失去作用；如果解开结扎，肌肉即恢复作用。他将此与血液在血管中流动进行类比，认为神经将脑内的动物元气或者神经液传送到肌肉使之收缩，神经结扎后，动物元气过不来，所以肌肉没有活动。但是，所谓“动物元气支配肌肉活动”到底是不是事物的真实的内在联系呢？要解决这个问题，就必须对脑、神经和肌肉之间的关系，进行深入地分析研究。哈勒（A. Haller）观察到动物临床死亡后，脑的机能已经停止，动物已经失去感觉和大脑支配作用，但是机体的某些神经和肌肉还没有死亡。这时，刺激神经，肌肉则收缩。如果干脆切断神经，给以刺激，肌肉仍然能够收缩。这说明，肌肉收缩不需要什么从脑中而来的动物元气或者神经液。揭露了假象，才能为认清真相开辟道路。1843 年发现了神经动作电流，证明肌肉的神经支配是借助生物电来实现的，从而揭示了神经支配的本质。

第二，撇开与当前考察无关的内容，撇开次要过程和干扰因素，从纯粹的形态上考察事物的运动过程。

事物常常是相当复杂的，其内部过程并不纯粹和单一。本质常常被纷繁复杂的现象所掩盖，使其面貌变得模糊不清。因此，为了考察它的各种内部的过程，必须暂时地、有条件地撇开与当前考察无关的内容，撇开次要过程和干扰因素，把事物的自然状态即具体而复杂的表象形态变成比较纯粹的形态，让其主要的基本的过程充分地暴露出来，然后再予以精细的研究。

为了在纯粹的形态上考察事物，在观察中可以用选择典型的方法，在较少干扰的地方去考察自然，在实验中可用实验的手段将自然过程加以纯化。然而，在观察和实验中要完全排除无关的、次要的、干扰的东西是不可能的。但是，人们可以在观察和实验的基础上，借助抽象思维的力量把过程进一步纯化，让研究的对象表现为理论纯化的过程（即理想化的方法，详见第三节）。例如，卡诺曾经用这个方法研究了蒸汽机的基本过程。著名的卡诺循环是理想的热机循环。卡诺设想：这个理想循环是由两个等温过程和两个绝热过程组成的，这就略去了工作物质温度的变化以及工作物质和外界热量交换等次要因素；理想循环是可逆的，这就略去了摩擦等不可逆的因素；理想循环是封闭的，这就略去了真实热机工作物质在循环末了被抛弃于外面，使循环是非封闭的。经过这样大量简化后。虽然实现这样的理想循环是不可能的，但却使热机的内部过程以纯粹的形式显露出来了。正如恩格斯所指出，卡诺“发现了蒸汽机的基本过程并不是以纯粹的形式出现，而是被各种各样的次要过程掩盖住了；于是他撇开了这些对主要过程无关紧要的次要情况而设计了一部理想的蒸汽机（或煤气机），的确，这样一部机器就像几何学上的线和面一样是绝不可能制造出来的，但是它按照自己的方式起到了像这些数学抽象所起的同样重要的作用，它展现出纯粹的、独立的，真正的过程。”

在自然界中，一些不同的事物，它们具有不同的内容，然而，又存在着某种共同的形式和关系。为了深入研究这些形式和关系，可以撇开事物的具体内容，把这些形式和关系作为独立的研究对象分离出来加以考察。自然界客观事物都具有一定的空间形式和数量关系，正如恩格斯所说：“为了能够从纯粹的状态中研究这些形式和关系，必须使它们完全脱离自己的内容，把内容作为无关重要的东西放在一边；这样，我们就得到没有长宽高的点，没有厚度和宽度的线，a 和 b 与 x 和 y，即常数和变数……”又如，自然界普遍存在瞬时变化率的问题：自由落体的瞬时速度、曲线的斜率、物质的定压热容即物质的吸收热量在温度 T 时的变化率等等。这些问题分属不同的领域，有着很不相同的具体内容。但是他们有着共同的数量关系，我们可以撇开它的具体内容，将它概括为函数 $y=f(x)$ 的导数，即

$$\frac{\mathrm{d}y}{\mathrm{d}x}=f'(x)$$

由于 $f'(x)$ 将这些关系和形式独立出来，给予了专门的研究，就可以反过来应用于原型，使原型中的具体过程得到精确的描写。这种方法现在不局限于空间形式和数量关系，而在控制论、信息论、系统论以及数理逻辑中被广泛加以运用。

第三，区分基础的东西和派生的东西，深入事物里层，把决定事物性质的隐藏的基础抽象出来。

自然界的事物总是具有多种属性和关系。然而，它们在事物矛盾的总体中所处的地位并不相同。有些是属于基础的内容，有些则是由这些基础派生出来的内容。例如，每一种元素都有它的原子量、化合价以及各种化学、物理属性，这些元素的原子又都是由原子核和核外电子组成的。其中，原子量、化合价以及各种化学、物理属性是由原子核及核外电子及其相互作用所决定的。后者属于基础的内容。

派生的东西一般地说是在感性上可以把握或者是比较容易把握的那些属性和关系。基础的东西则比较隐蔽，往往不能从感性上直接把握它，需要综合运用多种逻辑方法，借助丰富的想象力，采取推测、假说等形式，逐步地认识它、理解它。

例如，在 19 世纪末 20 世纪初，在著名的关于黑体辐射的研究中，普朗克用内插法把原来两个从经典理论推导出来的辐射能密度作为波长和温度函数的表达式“凑”出一个新的公式。这个公式同实验的结果吻合得相当好。但是，对于这个新的公式，经典物理理论却不能做出解释。这说明，在这个公式后面隐藏着更深一层的决定辐射现象的东西，并且和经典理论所阐述的原理是完全不同的。普朗克决心探索这个奥秘。最后它突破经典物理“能量的平均分配原理”，提出关于量子的假说，它不仅科学地解释了黑体辐射问题，而且为以后微观领域的物理学提供了一个逻辑出发点。

和物理学上普朗克提出量子概念一样，在此以前，化学上道尔顿提出了当时从感性上不能直接把握的单元——原子；生物学上孟德尔提出了当时从感性上不能直接把握的单元——基因。他们都曾有力地推动了有关科学的发展。这说明，表象不能把握整个运动，而思维则能够把握而且应当把握整个运动。只有当我们从大量经验材料中，把隐蔽的基础内容发掘出来，才有可能对事物做出统一的科学的说明。

第四，从基础的东西出发，将事物的各种属性和关系综合起来，从而把事物

的本质作为一个整体完整地抽象出来。

找到了决定事物的基础的东西，我们就可以将它作为逻辑的出发点，一步一步由此及彼，从简单的概念推演成复杂的概念，把关于事物的各种规定依次地按照其内在联系综合上去，把原先撇开的次要的无关的因素加以说明，从而把事物的本质从整体上比较完整地抽象出来。这个由此及彼的过程是一个由简单到复杂、由低级到高级的上升过程。

在自然科学史上，常常看到这样的情况，当人们在决定事物性质的基础的东西上有所突破以后，就以此为出发点向各个方面加以延伸和推广，逐步形成一个相对完整的理论体系，从而对有关事物的多种多样的属性和表现做出统一的说明。

我们以现代遗传学的发展来说明这个问题。

有机体的遗传和变异的矛盾运动是一个颇为复杂的矛盾运动过程。它涉及许多方面的问题，如生物体的各种性状中，有些性状呈连续的变异（数量性状），有些性状之间有分明的界限（质量性状），这些性状是如何在不同的时代之间传递的？各种性状在传递中相互关系是怎样的？新的性状是如何起源的？遗传的信息又是如何转化为性状的？等等。性状传递的规律被这种错综纷乱的相互关系所掩盖。孟德尔紧紧抓住了一个和几个质量性状作为研究考察的对象，而把其他问题暂时地撇开和舍弃了，经过周密的系统的试验、观察、分析，从大量数据中推导出这样一个基本结论：遗传因素是以独立的单元（即基因）在连续的世代之间进行传递的。1866 年，孟德尔成功地实现了这个重大突破，为遗传学的发展提供了一个出发点，一个基本依据。

20 世纪以来，遗传学在孟德尔定律的基础上继续前进。首先，人们将孟德尔的工作和细胞学的研究结合起来，证明了基因是以细胞中的染色体为载体进行传递的，揭示了基因的联系和交换的规律。不久后，又揭示了基因的相互作用，从而科学地说明了性状在传递中的相互关系。人们将原先从质量性状的研究中抽取出的基因概念推广到数量性状的研究，用多基因的作用解释了数量性状传递的规律。人们将基因概念推广到新性状的起源的研究，用基因的突变科学地说明了新性状的起源，并进而用基因的突变、基因的重组以及基因的载体——染色体的各种变化，说明有机体的变异是如何产生的。最近几十年来，分子遗传学的发展证明了 DNA（脱氧核糖核酸），有时是 RNA（核糖核酸），是客观存在的基因的实体，并基本上搞清楚了基因如何通过“转录”“转译”等中间环节转化为各种性状的。这样以基因的概念作为逻辑出发点，把原先孟德尔暂时撇开的因素和联系逐一地恢复起来，综合上去，对遗传和变异的各个方面及其相互作用给予了科学的说明。目前的遗传学理论已经形成了一个比较完整的体系，从而初步地把具体事物在思维中抽象出来。

三、科学抽象的一般进程

在我们对大量的经验材料进行了一番“去粗取精、去伪存真，由此及彼、由表及里”的整理加工以后，我们对事物的认识就从感性认识飞跃到理性认识。在这一系列抽象过程中，事物在我们头脑中的反映发生了许多变化，并不断地改变着它的形态，开始是“感性上的具体”，后来成为“抽象的规定”，最后变成“思维中的具体”。这些变化成为抽象思维进程的一个个标志。

例如，人们对光的认识，在感性认识阶段，人们感知到光生动的表象。这时，光在人们的认识中是一个整体，但是却不能就它的内部联系对光的各种现象做出科学的说明。光对我们来说是一种“表象中的具体”，或“感性上的具体”。通过深入地分析研究，我们便逐步认识到光的各种性质和数量上的特性。例如，人们研究了光的反射、折射等现象，了解了光的直线传播的特性；研究干涉及衍射现象，了解了光具有波动的特性和偏振的特性；用三棱镜将太阳光分解成组成它的各个单元，知道太阳光是由各种单色光组成；研究光电效应，知道光具有量子性；用各种方法测定光速，知道光速是有限的、不变的，等等。这些都是关于光的各种属性的规定，它是从大量的经验材料中抽象出来的，叫“抽象的规定”。这些规定分别反映了光的某个侧面，但是它们都没有全面地反映光的本质。在“抽象的规定”中，光作为一个整体被分解成各种关系、特性。再进一步，我们就要把各种规定按照其内部联系综合起来。例如，从光的粒子性和波动性这一个基本特性出发，人们认识到，光是电磁波，而电磁波又是一份份的光子。光既具有波动性质，又具有粒子性质，称为波粒二象性。据此，我们从内部联系上对光的各种属性、关系做出统一的科学的说明，形成了关于光的相对完整的理论体系。这时，在人们的认识中光又是一个完整的整体，然而已经不是“感性上的具体”，而是被透彻地加以研究和被理解了的整体，人们称之为“思维中的具体”。

在这里我们看到了两个抽象思维的进程，一个是从“感性的具体”到“抽象的规定”，一个是从“抽象的规定”上升到“思维中的具体”。“感性的具体”是我们认识的现实的起点。为了正确地认识客观世界，我们首先要充分占有材料，分析它的各种发展形式，形成各种“抽象的规定”。然而，单单有这一步是不够的。如果认识仅仅停留在这里，甚至把它绝对化，片面加以夸大，就可能走向完全错误的道路。马克思主义经典作家非常重视从抽象上升到具体；要求把关于事物的最一般、最本质、最普遍的规定作为逻辑出发点，按照事物本身的转化关系，把事物的全部联系完整地复制出来，这才有可能达到对事物完整的科学的认识。马克思指出：“具体之所以具体，因为它是许多规定的综合，因而是多样性的统一。因此它在思维中表现为综合的过程，表现为结果，而不是表现为起点，虽然它是现实中的起点，因而也是直观和表象的起点。”

科学抽象的成果——“思维中的具体”，绝不是处于直观和表象之外或者是凌驾于其上的东西，而是从中抽象出来的东西。“思维中的具体”就它的形式来说是主观的、抽象的；就它的内容来说是客观的、具体的它是客观内容和主观思维形式的统一，是具体和抽象的统一。科学洞察事物的隐蔽的基础越深刻，则其成果的形式就越抽象，而关于自然界的知识则越具体，越有内容。普朗克曾说过：“物理世界观之越远离感性世界无非就是与现实世界越接近”。

第二节 科 学 概 念

概念是反映事物本质属性的思维形式。

毛泽东同志说：“概念这种东西已经不是事物的现象，不是事物的各个片面，不是它们的外部联系，而是抓着了事物的本质，事物的全体，事物的内部联系了。”在科学研究中，只有形成科学的概念，才能够把握住事物的本质和规律。概念、判断和推理，是理性认识的三种形式。抽象思维的过程就是运用概念进行判断和推理的过程。其中，概念是思维的基本单位，也是最基本的思维形式。只有形成概念，才能进行判断和推理。而概念的形成是认识过程中的一次重要飞跃，它标志着人们的认识由感性阶段深入到了理性阶段。

“自然科学的成果是概念”，科学认识的成果都是通过制定各种概念来加以总结和概括的。各门科学都有自己一系列的科学概念。例如：数学中有常量、变量，函数、极限、微分、积分等概念，物理学中有力、能、功、质量、动量、场、量子等概念；化学中有元素、原子、化合、价、键等概念；生物学中有物种、细胞、基因、遗传、变异等概念；控制论中有信息、系统、反馈等概念。每一门科学中的原理、定理、定律或规律，都是用有关的科学概念总结出来的。科学理论的完整体系就是由概念、与这些概念相应的基本定律（判断），以及用逻辑推理得到的结论这三者所构成的。概念作为认识的一定阶段的总结，它是以压缩的形式表现大量知识的一种手段，也是“帮助我们认识和掌握自然现象之网的网上纽结。”

概念是实践发展的产物，科学概念是在科学实践中逐步形成和发展起来的；概念的内涵是否正确、外延是否恰当，都要由实践来检验。随着实践的不断发展，概念的内涵和外延也在不断地发生变化。例如，“原子”这一概念早在古代就提出来了。二千多年前，古希腊的留基伯和德谟克利特认为物质是由原子构成的，原子是不可分割、不能破坏的，是物质的最小单位。现在关于“原子”概念的内涵与古代相比，已经有了极大的差别。又如，过去在物理学上一直认为物质的“聚集态”（亦称“物态”“集态”）有三种，即：固态、液态、气态。后来，又发现了物质的第四态即“等离子态”，以及物质的第五态“中子态”。这样，物质的

“聚集态”这一概念的外延就扩展了。总之，自然科学上的概念，是随着科学实践的深入发展而不断地得到补充和修正的。科学发展的历史，就是概念的产生和发展的历史。

概念不仅是实践发展的产物，同时也是抽象思维的结果。科学概念是经过反复的科学抽象而逐步形成的。思维在反映客观事物的时候，只有经过科学抽象，撇开次要的或非本质的属性，暂时割断事物的某些联系，才能概括出其本质属性，从而形成关于某类事物的普遍概念。作为科学抽象的结果，概念在形式上是抽象的、主观的，但在内容上则是具体的、客观的。例如，“熵”是从热运动中抽取概括出来的一个概念，虽然形式上非常抽象，但却深刻地反映了某些物质的系统状态。在热力学中，它是用以说明热学过程不可逆性的一个物理量。热力学第二定律告诉我们，一个孤立系统的热运动总是自发地朝着从高温到低温、从不平衡到平衡的方向变化的。克劳胥斯引进了熵的概念来反映热运动的这种不可逆性，提出了熵增加原理。所以，熵是一个反映热运动变化的过程和方向的物理量。从分子运动论的观点来看，一个系统的热运动又是跟它的无序程度有关的。在没有外界条件的干预下，一个系统总是自发地从有序到无序，这个过程中，系统的熵既然增加了，那么熵的这种变化就是系统的无序状态的量度。熵这个概念如此丰富而深刻的含义说明了科学概念是抽象和具体的统一，概念的抽象程度越高，它的适用范围就越广，就越带有普遍性。

在自然科学中，科学概念的作用，大体有以下几种情况：

1）将长期混淆不清的概念区分开来，从而使科学得到迅速的发展。例如：自从亚里士多德以来一直没有区分出速度和加速度的概念，认为作用于物体的力越大，物体的速度越大，作用力一旦撤除，运动着的物体便立刻静止。直到一千多年以后，伽利略提出了加速度的概念，并对速度和加速度做出了科学定义，才将二者明确地区分开来。加速度概念的阐明为动力学的建立奠定了基础。其他如重量和质量概念的区分、热量和温度概念的区分，以及生物学上变异和突变概念的区分等等，在科学理论的发展上都起了一定的促进作用。

2）用正确的概念代替了错误的概念，从而促进了科学研究的深入发展。例如，在对于燃烧现象的认识上，1703 年，德国的医学和化学家斯塔尔(G. E. Stahl) 提出了“燃素”的概念。他认为“燃素”是一切可燃物体的根本要素，燃烧过程就是“燃素”从可燃物体中逸出的过程。这一错误的概念，阻碍了人们对于燃烧过程本质的认识，也阻碍了人们对于新发现事物的认识。由于“燃素”概念的束缚，普利斯特列和舍勒在实验中析出了氧气，但不知道他们所析出的是什么。然而，拉瓦锡在实验的基础上根据同样的实验事实却提出了“氧化”的概念。他指出，实验中所析出的这种新气体是一种新的化学元素，在燃烧的时候，并不是神秘的燃素从燃烧物体中分离出来，而是这种新元素与燃烧物体化合。

“氧化”概念的提出，为化学在拉瓦锡之后出现的迅速发展扫除了障碍。在物理学中，关于热的正确概念代替了“热素”的错误概念，也有类似的情形。

3）在新的事实面前引入了新概念，从而使理论获得了重大进展。例如，在电磁学上，人们曾发现对于非封闭电路，在非恒定过程中所得到的一些结果，同基尔霍夫第一定律及安培环路定律都相矛盾。麦克斯韦接受了法拉第的思想，对电磁现象进行系统分析以后，认为问题在于人们对电流的理解太狭隘了，原有的电流概念只限于“传导电流”。打破这一狭隘概念的局限，上述矛盾就能解决。因此，他引入了“位移电流”（即由于变化着的电场等效于电流）的新概念。他认为，总电流既包括传导电流又包括位移电流，两者又都可以产生磁场。实验结果证实了麦克斯韦的看法。“位移电流”概念的提出导致了著名的麦克斯韦方程的建立。其他如“量子”“基因”等概念的引入，对于科学理论的发展也都起了重要的作用。

4）一门科学的新概念移植渗透到其他学科中去，成为促进科学发展的有力杠杆。例如，量子力学的波函数概念渗透、移植到化学中去，用以研究分子的微观结构，弄清了两个氢原子之所以能结合成一个稳定的分子是由于分子中电子运动的范围主要集中在两个原子核之间，形成了一个“电子桥”，把两个氢核拉到一起使之稳定下来，从而阐明了氢分子的化学键的本质。在研究氢分子的基础上，进一步考虑多原子的分子结构，在20世纪30年代初，建立了两种化学键的理论。这一切都是量子化学发展的重大成果。量子力学的概念渗透、移植到生物学中，人们开始用微观运动规律去研究生物大分子的结构和功能的机制，从而开辟了量子生物学的新领域。现代自然科学发展的一个重要特点是各门科学之间的相互渗透，概念上的渗透从一个侧面反映了科学渗透对于科学发展的重要意义。

5）新的科学概念一旦产生，能够指导人们的实践，有时能够导致科学技术上的重大突破。例如，爱因斯坦在运用统计平衡观点研究黑体辐射的工作中得出结论，自然界存在着两种不同的发光方式——自发辐射和受激辐射。“受激辐射”概念的提出，直接导致了激光器的发明。现在激光已广泛地应用于各个技术领域，它是20世纪的重大发明之一。

总之，有创见的科学概念的提出对于科学的发展，特别是对于科学理论的建立，具有十分重要的意义。一个科学理论如果没有几个基本概念作为它的逻辑出发点，就失去了独立存在的意义。一个新理论的产生，也必须有几个新概念作为它的先导。然而，要能够摈弃错误的概念，建立正确的概念，或补充修正以往不够明确的概念，就不仅需要在观察、实验的基础上掌握大量的事实材料，而且需要有科学的鉴别能力和革新精神，并善于运用辩证思维对大量的感性材料进行科学的抽象。

第三节 理想化方法

理想化的方法，是科学抽象的一种形式。

理想化的方法在自然科学中的应用，主要包括以下两个方面：建立理想模型和设计理想实验。

一、理想模型及其在科学研究中的作用

所谓“理想模型”，就是为了便于研究而建立的一种高度抽象的理想客体。作为科学抽象的结果，“理想模型”也是一种科学概念。但是，它不同于一般的科学概念。

例如，数学上所研究的不占有任何空间大小的“点”，没有粗细的“线”，没有厚度的“面”；力学上所研究的只有一定质量而没有一定形状和大小的“质点”，在任何外力作用下都不能发生任何形变的、绝对硬的“刚体”，以及“理想的摆”(即“单摆”或“数学摆”)，流体力学中所研究的没有黏滞性的、不可压缩的“理想流体”；分子物理学中所研究的分子本身的体积和分子间的作用力都可以忽略不计的“理想气体”；电学上所研究的没有空间大小的“点电荷”，光学中所研究的能够全部吸收外来电磁辐射而无任何反射和透射的“绝对黑体”；化学上所研究的溶质与溶剂混合时，既不放热也不吸热的“理想溶液”，生物学上所研究的没有任何组织分化特征的“模式细胞”等等。这些都是“理想模型”。它们作为理想化的形态，都是在现实世界中找不到的东西。但是，**“理想模型”并不是不可捉摸的东西。“理想模型”是以客观存在为原型的。**作为抽象思维的结果，它也是对客观事物的一种反映。客观存在的复杂事物，包含有多种矛盾，因而具有多方面的特性，但在一定场合、一定条件下，必有一种是主要矛盾或主要特性。而“理想模型”就是对客观事物的一种近似反映，它突出地反映了客观事物的某一主要矛盾或主要特性，完全地忽略了其他方面的矛盾或特性。例如：作为“理想固体”的“刚体”，就是对固体的体积、形状不易改变这一特性的突出反映；“理想流体”，就是对流体的流动性的突出反映，等等。

在自然科学的研究中．“理想模型”的建立，具有十分重要的意义。

第一，引入“理想模型”的概念，可以使问题的处理大为简化而又不会发生大的偏差。

在现实世界中，有许多实际的事物与这种“理想模型”十分接近。在一定的场合、一定的条件下，作为一种近似，可以把实际事物当作“理想模型”来处理，即可以将“理想模型”的研究结果直接地用于实际事物。例如：在研究地球绕太阳公转运动的时候，由于地球与太阳的平均距离（约为 14960 万公里）比地球的半径（约为 6370 公里）大得多，地球上各点相对于太阳的运动可以看作是相同

的，即地球的形状、大小可以忽略不计。在这种场合，就可以直接把地球当作一个“质点”来处理。在研究炮弹的飞行时，作为第一级近似，可以忽略其转动性能，把炮弹看成一个“质点”，作为第二级近似，可以忽略其弹性性能，把炮弹看成一个“刚体”。在研究一般的真实气体时，在通常的温度和压强范围内，可以把它近似地当作“理想气体”，从而直接地运用“理想气体”的状态方程来处理。

第二，对于复杂的对象和过程，可以先研究其理想模型，然后，将理想模型的研究结果加以修正，使之与实际的对象相符合。这是自然科学中，经常采用的一种研究方法。

例如：“理想气体”的状态方程，与实际的气体并不符合，但经过适当修正后的范德瓦尔斯方程，就能够与实际气体相符合了。

第三，由于在“理想模型”的抽象过程中，舍去了大量的具体材料，突出了事物的主要特性，这就更便于发挥逻辑思维的力量，从而使得“理想模型”的研究结果能够超越现有的条件，指示研究的方向，形成科学的预见。

例如：在固体物理的理论研究中，常常以没有“缺陷”的“理想晶体”作为研究对象。但应用量子力学对这种“理想晶体”进行计算的结果，表明其强度竟比普通金属材料的强度大一千倍。由此，人们想到：既然“理想晶体”的强度应比实际晶体的强度大一千倍，那就说明常用金属材料的强度之所以减弱，就是因为材料中有许多“缺陷”的缘故。如果能设法减少这种“缺陷”，就可能大大提高金属材料的强度。后来，实践果然证实了这个预言。人们沿着这一思路制造出了若干极细的金属丝，其强度接近于“理想晶体”的强度，称之为“金胡须”。总之，由于客观事物具有质的多样性，它们的运动规律往往是非常复杂的，不可能一下子把它们认识清楚。而采用理想化的客体（即“理想模型”）来代替实在的客体，就可以使事物的规律具有比较简单的形式，从而便于人们去认识和掌握它们。

二、理想实验及其在科学研究中的作用

在自然科学中，为了便于进行理论研究，除了建立“理想模型”以外，还常常设计“理想实验”。

所谓“理想实验”，又叫作“假想实验”“抽象的实验”或“思想上的实验”，它是人们在思想中塑造的理想过程，是一种逻辑推理的思维过程和理论研究的重要方法。

“理想实验”虽然也叫作“实验”，但它同真实的科学学实验是有原则区别的。真实的科学实验是一种实践活动，而“理想实验”则是一种思维的活动；前者是可以将设计通过物化过程而实现的实验，后者则是由人们在抽象思维中设想出来而实际上无法做到的“实验”。

但是，**“理想实验”并不是脱离实际的主观臆想。**首先，“理想实验”是以实

践为基础的。所谓的“实验”就是在真实的科学实验的基础上，抓住主要矛盾，忽略次要矛盾，对实际过程做出更深入一层的抽象分析。其次，“理想实验”的推理过程，是以一定的逻辑法则为根据的。而这些逻辑法则，都是从长期的社会实践中总结出来，并为实践所证实了的。

在自然科学的理论研究中。“理想实验”具有重要的作用。作为一种抽象思维的方法，“理想实验”可以使人们对实际的科学实验有更深刻的理解，以进一步揭示出客观现象和过程之间内在的逻辑联系，并由此得出重要的结论。例如，作为经典力学基础的惯性定律，就是“理想实验”的一个重要结论。这个结论是不能直接从实验中得出的。伽利略曾注意到，当一个球从一个斜面上滚下而又滚上第二个斜面时，球在第二个斜面上所达到的高度同它在第一个斜面上开始滚下时的高度几乎相等。伽利略断定高度上的这一微小差别是由于摩擦而产生的，如能将摩擦完全消除的话，高度将恰好相等。然后，他推想说，在完全没有摩擦的情况下，不管第二个斜面的倾斜度多么小，球在第二个斜面上总要达到相同的高度。最后，如果第二个斜面的斜度完全消除了，那么球从第一个斜面上滚下来之后，将以恒定的速度在无限长的平面上永远不停地运动下去。这个实验是无法实现的，因为永远也无法将摩擦完全消除。所以，这只是一个“理想实验”。但是，伽利略由此而得到的结论，却打破了自亚里士多德以来一千多年间关于受力才有运动的物体，当外力停止作用时便归于静止的陈旧观念，为近代力学的建立奠定了基础。后来，这个结论被牛顿总结为力学第一定律，即惯性定律。在电磁学中，导致麦克斯韦方程建立的一个重要步骤，也是通过“理想实验”的方式而完成的。这就是：在想象上把奥斯特和罗兰的实验中，围绕电流及变化的电场周围的磁场的闭合力线缩成一个点；把法拉第的实验中，围绕变化的磁场周围的电场的闭合力线缩成一个点。这样，就可以得出把空间中任何一点，以及任何时刻的磁场和电场的变化连接起来的定律。爱因斯坦在建立狭义相对论时，曾经做了关于同时性的相对性的一个“理想实验”。即当两道闪电同时下击一条东西方向的铁路轨道时，对于站在两道闪电正中间的铁道旁边的一个观察者来说，这两道闪电是同时发生的。但是，对于乘坐一列由东向西以高速行进的火车正好经过第一个观察者对面的第二个观察者来说，这两道闪电并不是同时下击的。因为，第二个观察者是在行近西方的闪电而远离东方的闪电，西方的闪电到达他的眼里的时间要早一点。因此，在静止的观察者看来是同时发生的闪电，在运动中的观察者看来却是西方先亮，接着东方再亮。若进一步设想这列火车以光速前进的话，则列车上的观察者将只能看到西方的一道电光。因为东方的那道电光根本追不上他。同时性的相对性这一概念的提出，是狭义相对论建立过程中的一个关键。爱因斯坦在建立广义相对论时，做了自由下落的升降机的“理想实验”。他设想：在自由下落的升降机里，一个人从口袋中拿出一块手帕和一块表，让它们从手上掉下来，如果没有任何空气阻力或摩擦力，那么在他自己看来，这两个物体就停在他松开手的地方。因为，在他的坐标系中，引力场已经被“屏蔽或排除了”。但是，在升降机外面的观察者看来，则发现这两个物体以同样的加速度向地面落下。这个情况正揭露了引力质量和惯性质量的相等。爱因斯坦又设想了另一种情况的“理想实验”，即：升降机不是自由下落，而是在一个不变的力的作用下垂直向上运动（即强化了升降机内部的引力场）。同时设想，有一束光穿过升降机一个侧面的窗口水平地射进升降机内，并在极短的时间之后射到对面的墙上。爱因斯坦根据光具有质量以及惯性质量和引力质量等效的事实，预言：一束光在引力场中会由于引力的作用而弯曲，就如同以光速水平抛出的物体的路线会由于引力的作用而弯曲一样。爱因斯坦预言的光线在引力场中会弯曲这一广义相对论效应，已被后来的观测结果所证实。此外，量子论的建立也同“理想实验”密切相关。在量子力学中，海森堡用来推导不确定关系的所谓电子束的单缝衍射实验，也是一种“理想实验”。因为，中等速度电子的波长约为1Å（即10^{-10}m）左右，这跟原子之间的距离属于同一个数量级。因而，只要让电子穿过原子之间的空隙，就会发生衍射。但是，要想制成能够使电子发生衍射的单缝，首先就必须做到把单缝周围的所有原子之间的空隙都给堵死。实际上这是做不到的。在实验中，人们只能做到电子的原子晶格衍射实验，而无法实现电子的单缝衍射实验。

“理想实验”的方法，主要是在物理学中形成和发展起来的。但它的实际应用，已经超出了物理学领域。例如，生物学上，在生物膜双分子层结构起源的理论研究中，实际上就应用了这种方法。生物膜是由蛋白质、酶、脂类和糖类等物质共同组成的。其中，磷脂类物质是生物膜的基本组成单位。这一类物质的特点是：它既有在脂肪性溶剂中易于溶解的非极性基团，又有带正负电荷的因而在水溶液中易于溶解的极性基团。生物膜就是由磷脂类分子的非极性基团向内，极性基团朝外而组成的双分子层结构。这种双分子层结构是怎样起源的呢？有人根据在空气和水的界面上具有极性的脂类分子能够自动地形成单分子层这一事实，做了如下设想：在含有原始生物分子集聚物的海洋表面上有一个脂类分子形成的单分子层。由于风的作用，在原始海洋的表面掀起了波浪，并且产生了一种具有脂类单分子层外壳的浪花小滴。当这种浪花小滴在重力的作用下，重新返回海洋表面并继续沉入海洋里面的时候，又被海洋表面的脂类单分子层所包围。于是，这一浪花小滴的表面就形成了一种脂类双分子层结构。这里所说的膜的双分子层结构的形成过程，在实验中是无法实现的，只能在思维中来想象。所以，实际上这只是一个“理想实验”。

综上所述，“理想实验”在自然科学的理论研究中有着重要的作用。但是，“理想实验”的方法也有其一定的局限性。“理想实验”只是一种逻辑推理的思维过程，它的作用只限于逻辑上的证明与反驳，而不能用来作为检验认识正确与否的标准。相反由“理想实验”所得出的任何推论，都必须由观察或实验的结果来检验。

第四章　自然科学中一些基本的逻辑方法

人们要正确地思维，就必须遵守思维的规律，使思维过程合乎逻辑。列宁说："任何科学都是应用逻辑。"各门自然科学都有一些作为理论出发点的基本概念、表达科学原理的判断以及用推理形式导出的引理、结论等等。正确地运用和表达科学概念、科学原理等都必须遵守逻辑规则。自然科学在自己的发展过程中逐渐形成了一种传统，即**它要求科学思维有严密的逻辑性。**科学家历来都十分重视在研究工作中自觉地运用逻辑。爱因斯坦曾经说过："科学家的目的是要得到关于自然界的一个逻辑上前后一贯的摹写。逻辑之对于他，有如比例和透视规律之对于画家一样"。从某种意义上说，逻辑思维能力是一个科学家的科学素养的重要标志。

思维是一种非常复杂的活动。但是，它可以分解成一些基本的思维形式和思维方法。比较、分类、类比、归纳和演绎、分析和综合等就是自然科学中常用的一些思维方法。它们是构成一切复杂的思维活动，包括创造性思维在内的基本要素。

第一节　比较和分类

比较和分类，是认识事物的两种基本的逻辑方法。一般来说，人们认识事物是从区分事物开始的。要区分事物，首先就要进行比较，"有比较才能鉴别"。而要系统地总结和掌握已经识别的各种事物，就要进一步通过比较进行分类。在这个意义上可以说，比较是分类的前提，分类是比较的结果，两者的关系是极为密切的。

一、比较

比较是确定对象之间差异点和共同点的逻辑方法。

事物之间的差异性和同一性，是比较方法的客观基础。在空间上同时并存的事物之间，以及在时间上先后相随的事物之间，都存在着差异性和同一性。因此，比较的方法包括空间上的比较和时间上的比较。空间上的比较即在既定形态的比较：能够使我们区分或认证各种不同的事物。时间上的比较即在历史形态上的比较，能够使我们进一步发现同一事物随时间的变化。在认识过程中，这两方面的比较往往是结合使用的。

事物之间不仅存在着现象上的同一和差异，而且存在着本质上的同一和差异。现象上的同一和差异，是容易识别的。但科学研究中的比较不能停留在现象上。黑格尔说："假如一个人能见出当下显而易见之异，譬如，能区别一支笔与一个骆驼，则我们不会说这人有了不起的聪明。同样另一方面，一个人能比较两个近似的东西，如橡树与槐树，或寺院与教堂，而知其相似，我们也不能说他有很高的比较能力。我们所要求的，是要能看出异中之同，或同中之异"。科学研究中的比较，正是要在表面上差异极大的事物之间看出它们在本质上的共同点，在表面上极为相似的事物之间看出它们在本质上的差异点。此外，比较是在相互联系中认识事物的一种方法，任何比较都是在一定关系上，根据一定标准进行的；没有标准，无法进行比较；不同的标准，不能进行比较，否则，就会出现风马牛不相及的逻辑错误。

在自然科学中，比较的方法无论在观察实验方面还是在理论研究方面，都有重要的作用。

第一，运用比较的方法，可以对客观事物进行定性的鉴别和定量的分析。

光谱分析的方法，就是通过光谱的比较来确定被测物体化学成分及其含量的。实验证明，每种化学元素都有其特定波长的特征谱线，就像每人都有自己特殊的指纹一样。用已知化学元素的标准谱线同被测物体的光谱相比较，如果发现被测物体的光谱中存在某种和已知化学元素的特征谱线相同的谱线，从而可以确定出该物体含有这种元素；如果发现被测物体的光谱中存在与所有已知化学元素的特征谱线都不相同的谱线，就可以鉴定出其中含有未知的化学元素。同时，由于每种化学元素特征谱线的强度，与它在物体中的含量有关，因此，通过对谱线强度的比较，还可以确定被测物体中各种化学元素的含量。1859 年，基尔霍夫首次用这一方法确认出太阳含有许多地球上常见的化学元素。此外，如化学上确定被测物质含量的比色分析的方法、地质学上鉴定地层相对地质年代的化石分析的方法等，都是比较方法的具体应用。

第二，在科学研究中，运用比较的方法，还可以揭示出不易直接观察到的运动和变化。

例如，恒星的运动在短时间内是难以直接观察到的，因而长期以来被人们看作是永恒不动的星体，恒星也是由此而得名。但是，1718 年哈雷将他自己在圣赫勒纳岛所做的观测，同一千多年前古希腊天文学家喜帕恰斯与托勒玫所做的观测相比较，看到四颗恒星（毕宿五、天狼、大角、参宿四）的位置有明显的差异，因而发现了恒星的运动。又如，人们根据海王星公转轨道的摄动现象，由万有引力定律推论出在海王星以外可能还存在一颗行星，可是经过几十年的观测，一直没有找到。直到 1930 年 3 月 13 日，才由美国天文学家董波（C. W. Tombaugh）运用比较的方法发现了它。董波首先对天空可能发现行星的区域进行了缜密的搜索，拍下照片。然后，将相隔几天时间所拍的两张星空照片进行详细的比较。结果，他发现照片上有一个光点的位置有了明显的改变，因而确定了这个光点正是所要

寻找的那颗行星，即冥王星。[⊖]

第三，运用比较的方法，可以追溯事物发展的历史渊源和确定事物发展的历史顺序。

任何事物都有其发生、发展和灭亡的过程。对于时间较短的过程（如蚕的个体发育过程），我们可以用跟踪的方法进行直接的观察研究。但对于经历几千年、几万年、几亿年甚至时间更长的发展过程（如生物进化、天体演化等过程），就无法跟踪观察了。然而用比较方法，根据有共同特征的事物可能具有共同起源的道理，可以追溯其历史渊源，根据差异程度较小的事物在时间上相邻较近，反之相隔较远的道理，可以确定其历史顺序，从而推知任何发展过程的来龙去脉。这就如同想要了解人从生到死的个体发育过程，不需要对一个人从生到死的全过程进行跟踪观察，只要对不同年龄的人（婴儿、少年、青年、中年、老年）在特征上的异同进行比较，就能达到目的一样。这就是历史比较的方法。应用历史比较的方法，可以通过对空间上同时并存的事物的研究入手，来认识时间上先后相随的事物的变化，可以由能够观察到的现象推知无法观察到的过程。这种方法，对于生物学、地质学以及天体演化学等学科的研究具有特别重要的意义。在 19 世纪，由于历史比较方法的系统应用，曾给地质学和生物学带来了革命性的变革，导致了地质渐变论和生物进化论的创立，从而给固定不变论的形而上学自然观打开了巨大的缺口。20 世纪以来，在恒星天文学中，由于历史比较方法的应用，人们发现形形色色的恒星在时间上各自处于不同的演化阶段；引力收缩阶段、主序星阶段、红巨星阶段、白矮星和中子星阶段，从而对恒星的演化过程有了规律性的认识。在生物学中，随着分子生物学的发展，已经开始了对生物大分子（蛋白质、核酸）的化学结构进行比较。例如，细胞色素 C 是在生物体的氧化反应中起重要作用的一种蛋白质，其分子结构是由 104 种氨基酸组成的单链。现在已对近百种生物体（包括动物、植物、真菌、细菌等）中细胞色素 C 的分子结构进行了测定。人们将不同生物体中细胞色素 C 的分子结构相比较之后，发现它们在氨基酸排列顺序上有差异的位置数目和物种之间的亲缘关系有密切的联系。生物体之间的亲缘关系越近，其分子结构上有差异的位置数目就越少，反之就越多。在分子水平上所进行的这种比较，为包括微生物在内的生物种属的亲缘关系，提供了定量的描述，为生物进化论提供了新的证据。总之，随着科学实践的不断发展，人们的比较能力也在不断提高，历史比较的方法正在起着日益重要的作用。

第四，运用比较的方法，可以对理论研究的结果与观察实验的事实之间是否一致，做出明确的判断。

⊖ 尽管国际天文联合会十几年前已将寅王星从太阳系九大行星中删除，但仍存在意义，如美国宇航局（NASA）局长称，寅王星依然是行星。

在科学研究中，人们除了在客观事物之间进行比较之外，还常常将理论研究的结果同客观的事实材料进行比较。1609 年，开普勒在大量观测的基础上，设想出了行星运动可能采取的各种形式。然后，他将每一种行星运动的形式同所观测的事实材料进行比较。他发现只有椭圆形轨道的行星运动与观测事实最符合，因而发现了行星运动第一定律，推翻了自古以来所流行的认为天体都是沿正圆形轨道运动的旧观念。对此，爱因斯坦深刻地写道："开普勒的惊人成就，是证实下面这条真理的一个特别美妙的例子，这条真理是：知识不能单从经验中得出，而只能从理智的发明同观察到的事实两者的比较中得出。"

比较作为基本的逻辑方法之一，在科学研究工作中有着广泛的应用。但是，比较的方法又有其局限性。正如列宁所指出的："任何比较都不会十全十美，这一点大家早就知道了。任何比较只是拿所比较的事物或概念的一个方面或几个方面来相比，而暂时地和有条件地撇开其他方面。我们提醒读者注意一下这个大家都知道的但是常常被人忘掉的真理。"因此，对于任何比较所得的结果，都不能把它绝对化和凝固化，而应力求对事物进行多方面的比较，以获得更全面，更深刻的认识。

二、分类

分类，是根据对象的共同点和差异点，将对象区分为不同种类的逻辑方法。分类是以比较为基础的。通过比较识别出事物之间的共同点和差异点，然后，根据共同点将事物归为较大的类，根据差异点将事物划分为较小的类，从而将事物区分为具有一定从属关系的不同等级的系统，这就叫作分类。

分类必须有一定的标准，即必须根据对象本身的某种属性或关系来进行分类。由于客观事物有多方面的属性，事物之间有多方面的联系，因而，分类的标准也是多方面的。人们可以根据不同的标准对事物进行不同的分类。比如，对于各种物质材料，可以按照其化学组成的特点分类，也可以按照其物理性质分类，还可以按照其用途分类。人们可以根据不同的实践需要采用不同的分类标准。早在一千四百多年前，我国古代农业科学家贾思勰在《齐民要术》中，就提出了按照成熟期、植株高度、产量、抗逆性、粮食品质等标准对粟的品种进行分类的思想。这几个分类标准，从今天品种分类的观点来看，仍然是正确的。

人们对事物的认识，是"由现象到本质，由所谓初级的本质到二级的本质""从不甚深刻的本质到更深刻的本质深化的无限过程"。分类作为对客观事物的反映，也有一个从现象分类到本质分类、从不甚深刻的本质分类到更深刻的本质分类，这样一个逐步深化的过程。**所谓现象分类，就是仅仅根据事物的外部标志或外在联系所进行的分类。**这种分类往往把本质上相同的事物分为不同的类别，而把本质上不同的事物归为同一个类别，带有很大的人为性质，因而又叫作**人为分类。所谓本质分类，**又叫作**自然分类，即根据事物的本质特征或内部联系所进行**

的分类。

一般说来，分类都是从现象分类开始的。现象分类只能反映事物的现象，不能反映事物的本质。这种分类也有一定的实用意义。例如，为了便于检索而进行的某些图书分类、药物分类、器材分类、商品分类、邮件分类等。但是，对于科学的认识来说，“分类”应当是“自然的，而不是纯粹人为的，任意的”，不能满足于现象分类。随着科学实践的发展，现象分类有待于发展到本质分类。例如，生物分类学的发展，大致经历了三个阶段：第一阶段是搜集和初步整理材料的阶段，其主要任务是对生物个体进行描述、鉴定和命名。瑞典科学家林奈，在这一时期确定了新的命名法，并制订了一个较完整的分类系统。但林奈是根据事物的外部标志进行分类的，如他根据雌蕊的数目决定一株植物应当归入的目，根据雄蕊的数目决定一株植物应当归入的纲。因而，只是一种人为的分类，即现象分类。第二阶段，是进一步研究和整理大量材料，力求建立生物的自然系统的阶段。以达尔文生物进化论为基础的生物分类系统，按照生物物种之间的亲缘关系分类，进一步确定了各个分类阶层之间的内在联系。从而使生物分类学从人为的分类进入到了自然的分类，从现象分类进入到了本质分类。第三阶段，是种群研究的阶段。所谓种群，即物种在空间分布上的群体单元。它既是生物的进化单元，又是生物的生殖单元和在空间上的分布单元。种群既反映了种内的统一性，又描述了种内的多样性。这一阶段的生物分类，以种群的研究为基础，既有定性的描述，又有运用统计方法所进行的定量描述，因此更深刻地反映着生物之间的本质联系。总之，生物分类学越是向前发展，离开单纯的编目、检索越远，就越是成为历史的科学。其他，如化学元素的分类、矿物的分类、恒星的分类，都经历了从现象分类到本质分类的过程。

分类的方法，在自然科学中有着重要的作用。

首先，分类可以使大量繁杂的材料条理化、系统化，从而为进一步的科学研究创造条件。一切分类系统不管是生物的还是非生物的，都是资料的存取系统。即分类系统的建立，都是为了存入资料和取出资料，为了便于查找，便于利用，便于研究，便于认识。所以，分类可以为人们提供一种便利的检索手段，从而为人们进行分门别类的深入研究创造条件。事实上，任何处理大量材料的科学研究，都离不开分类，否则，就会如堕烟海，无从下手。比如，据统计，已发现的基本粒子（包括共振态）约有 300 多种，已发现的化学元素有 118 种，已定下名称的化合物约 480 万种，已发现生存着的植物有 30 余万种，动物有 100 余万种，灭绝了的植物约有 25 万余种，动物有 700 余万种之多。要对这样多的事物进行深入的研究，没有种或类的概念，是不可想象的。恩格斯说“没有种的概念，整个科学就没有了。科学的一切部门都需要种的概念作为基础……”

其次，科学的分类系统由于反映了事物内部规律性的联系，因而具有科学的

预见性，能够为人们寻找或认识某一具体事物提供认识上的向导。按照事物的本质特征或内部联系建立起来的分类系统，不仅是资料的存取系统，而且也是对客观规律认识的一个总结系统。这种分类系统，对事物的内在联系反映的越深刻、越全面，其预见性就越强。例如，以达尔文生物进化论为基础建立起来的生物自然分类系统，曾预言了许多应当存在而尚未发现的各个分类阶元之间的中间类型，即所谓“遗落链”，(Missing Links)。始祖鸟就是达尔文所预言并被人找到的一种介于爬行类和鸟类之间的中间类型。现在，根据生物分类系统来寻找某种生物，已成为生物学工作者的一项重要工作。如，1972 年 8 月，我国国务院办公室曾发出通知，要寻找一种美登木（Maytenus hookeri)。我国的生物学工作者，根据植物分类学上物种间的亲缘关系和它们在地理上的分布有关的原理，做出了判断，认为西双版纳会有这种树木，结果很快就在这里的森林中找到了它。

任何分类，不管是现象分类还是本质分类，都必须遵守下列的分类规则：

1）分类必须相应相称。即划分所得的各子项之和必须与被划分的母项正好相等。否则，就会出现分类过窄或过宽的逻辑错误。如将三角形分为锐角三角形和钝角三角形，就是分类过窄，因为，除此之外还有直角三角形。

2）每一种分类必须根据同一个标准，否则就会出现分类重叠和分类过宽的逻辑错误。

3）分类必须按照一定的层次逐级进行。否则，就会出现越级划分的逻辑错误。如，把自然界直接划分为动物、植物、矿物，就是越级划分的逻辑错误。应先将自然界划分为无机界和有机界，然后再逐级划分下去。

以上规则，是进行正确分类的必要条件。此外，要从现象分类进入到本质分类，从而建立起科学的分类系统，还必须运用辩证的逻辑思维。从现象分类进入到本质分类，除了有关材料的必要积累外，正确地选择分类标准具有十分重要的意义。而对于不同的对象来说，从现象分类进入到本质分类所需要的分类标准是各不相同的。要找到适当的分类标准，就必须对具体的情况进行具体的分析，必须将事物的各种特征看作一个有相互联系的特征体系，区分出本质的特征和非本质的特征、主要的特征和次要的特征，并研究它们之间复杂的因果联系。只有这样，才能够揭示出事物之间的规律性，才能建立起科学的分类系统。历史上各种科学的分类系统的建立，实际上都自觉不自觉地应用了辩证的逻辑思维。

第二节　类　　比

一、类比及其在科学认识中的作用

类比，是根据两个（或两类）对象之间在某些方面的相似或相同而推出它们在其他方面也可能相似或相同的一种逻辑方法。类比也是以比较为基础的。通过对两个（或两类）不同的对象进行比较，找出它们的相似点或相同点，然后，以此为根据，把其中某一对象的有关知识或结论推移到另一对象中去，这就叫作类比推理，简称为类比或类推。其公式为：

A 对象具有 a、b、c、d 属性

B 对象具有 a′、b′、c′属性

所以，B 对象可能也具有 d′属性

（其中，a′、b′、c′、d′分别与 a、b、c、d 相似或相同）。由于类比是就两个（或两类）特殊对象的比较而做出有关某一特殊对象的结论的，因而类比的过程，是一个由特殊到特殊、由此物及于彼物、由此类及于彼类的过程。

类比是科学认识的一个重要方法。科学认识犹如登山一样，是在已有的基础上一步一步试探地摸索前进的，每一步的试探和摸索都要以已有的进展作为立足点。类比就是立足在已有知识的基础上，进一步发展科学知识的一种有效的试探方法。在科学认识中，人们为了变未知为已知，往往借助于类比的方法，把陌生的对象和熟悉的对象相对比，把未知的东西和已知的东西相对比。这种类比的方法，在科学研究中具有启发思路、提供线索、举一反三、触类旁通的作用。正如康德说的那样：“**每当理智缺乏可靠论证的思路时，类比这个方法往往能指引我们前进**”。

应用类比的方法，是提出科学假说的一条重要途径。在科学史上，许多重要的科学假说，就是应用类比的方法建立起来的。1678 年，荷兰物理学家惠更斯将光和声这两类现象进行了对比，证明它们都有直线传播以及反射、折射等共同属性。而声的本质是由物体的振动所产生的一种波动。由此，惠更斯认为光的本性也是一种波动，从而创立了光的波动说。1906—1909 年间，卢瑟福及其学生盖革（H. Geiger）、马斯登（E. Marsden）所做的 α 粒子散射实验证明，在原子中有一个仅占原子体积极小部分（约十万分之一）但却具有原子质量绝大部分（99.97%）的核，核外电子只有极小的质量。卢瑟福将原子内部的情况和太阳系的结构相类比，认为它们很相似。因为，太阳作为太阳系的核心，它具有太阳系总质量的 99.87%，但只占有太阳系空间的极小部分。并且，原子核与电子之间的电吸引力，以及太阳与行星之间的万有引力，又都遵从与距离的平方成反比的规律。而已知的太阳系是由处于核心的太阳和环绕它运行的一系列行星构成的。由此，卢瑟福于 1911 年提出了原子是由电子环绕带正电荷的原子核组成的这样一个原子结构的行星模型假说。此外，关于星系旋臂结构的密度波假说，也是借助于类比的方法提出来的。在人们所观测到的星系中，百分之六七十的星系都是有旋臂结构的。这说明在星系的演化过程中，旋臂存在的时间是比较长的。为了解释星系旋臂结构的形成机制问题，1935 年，瑞典斯德哥尔摩天文台台长林布拉德（B. Lindblad）

把整个星系类比为一个流体，把其中的每一颗恒星类比为一个水分子，把星系的旋臂结构类比为流体的波，从而提出了星系旋臂结构的密度波假说。后来，美籍科学家林家翘及其合作者们将林布拉德提出的密度波概念予以创新，进一步提出了“QSSS 假设”（准稳螺旋结构假设）。

人们按照类比所提供的线索，有时还能获得重要的科学发现和发明。在物理学中，由德布罗意和薛定谔所创立的波动力学，就是用类比的方法接连获得重大发现的典型实例。1923 年，法国物理学家德布罗意将光学现象和力学现象做了如下类比：在几何光学中，光的运动服从光线的最短路程原理即费尔马原理。在经典力学中，质点的运动服从力学的最小作用原理即莫泊图原理。这两个反映不同领域运动规律的原理，具有完全相似的数学形式。而物理光学的发展已经证明了光具有波粒二象性。由此，德布罗意提出了大胆的推论：物质粒子也具有波粒二象性。接着，他又将物质粒子和光做了进一步的类比，预言了物质波的波长。因为，光的波长（λ）和动量（P）之间有如下关系：$\lambda = \frac{h}{P}$（h 为普朗克常量），由此，德布罗意认为，物质粒子的波长（λ）和动量（mv）之间，也具有同样的关系，即：$\lambda = \frac{h}{mv}$。

这就是德布罗意公式。根据这一公式，德布罗意算出，中等速度的电子，其波长应相当于 X 射线的波长。到 1927 年，德布罗意的这些惊人的预言和推论，都被实验所证实了。德布罗意关于物质波的论文在 1924 年发表以后，奥地利的物理学家薛定谔受到了很大的启发。薛定谔沿着另一条思路，将经典力学和几何光学做了如下类比：经典力学和几何光学的一些规律具有完全相似的数学形式，几何光学又与波动光学的近似，因此，经典力学也可能是一种波动力学的近似。在这一推论的引导下，薛定谔做了种种的尝试，最后导致了波动力学的建立。在生物学中，施旺和施莱登分别发现动物和植物的有机体都是细胞结构之后，施莱登又在植物细胞中发现了细胞核。施莱登把他的这一发现告诉了施旺，施旺由此做了如下的类比推理：植物有机体是一种细胞结构，植物细胞中有细胞核。动物有机体也是一种细胞结构。如果动物有机体和植物有机体的这种相似不是表面的而是实质的话，那么动物细胞中也应当有细胞核。后来，用显微镜进行观察，果然在动物细胞中发现了细胞核。其他如欧姆定律的建立、哈维关于血液循环的发现、“606”药品的发明等，都曾利用了类比推理的方法。

二、类比的局限性

如上所述，类比在科学研究中有着十分可贵的作用。但是，类比又有一定的局限性。由类比所得的结论不一定都是可靠的。例如，1845 年，法国天文学家勒维耶发现水星轨道近日点的进动现象在所有的摄动影响都考虑进去之后，仍有无法解释的偏移。他根据以往曾经从天王星轨道的摄动现象预言并发现了海王星的成功经验，将水星轨道的进动现象同天王星轨道的摄动现象进行了类比，认为这可能又是一个未知行星的摄动力作用的结果。于是，许多天文学家花费了几十年的时间，来寻找这颗猜想中的行星，有人还热情地将它命名为“火神星”（Vulcan）。但是，最后大家不得不承认，这一行星并不存在。直到爱因斯坦的广义相对论建立之后，人们才发现原来水星轨道近日点的进动是一种广义相对论效应。又如，19 世纪人们根据火星和地球有许多相似之处，因而得出的关于火星人存在的结论，也被近年来空间探测的结果所否定。**这些都说明了类比推理是一种或然性的推理。类比推理之所以带有或然性，其原因在于：**

1）类比的客观基础限制了类比结论的可靠性。事物之间的同一性和差异性是类比推理的客观基础；同一性提供了类比的根据，而差异性则限制了类比的结论。任何相似的两个对象之间，总有一定的差异性，根据相似属性（或共有属性）进行类比推理时，推出的属性如果正好是它们的差异性，类比的结论就会发生错误。然而，在类比推理中，这同样是合乎逻辑的。

2）类比的逻辑根据是不充分的。类比是以对象之间的某些相似属性（或共有属性）为根据的，但是，从两个对象之间在某些属性方面的相似或相同，并不能得出它们在其他属性方面也必然相似或相同的结论。因为，相似属性（或共有属性）和推出属性之间不一定有必然的联系。而类比推理是允许在不知道它们之间是否有必然联系的前提下来进行的。因此，同样是运用类比推理得出的结论，有的可能是对的，有的可能是错的，有的可靠程度大一些，有的可靠程度就小一些。

但是，无论在什么情况下，类比作为一种思维活动，其结论正确与否，以及可靠程度的大小如何，都不能由其自身来确定，而必须由实践来检验。例如，在麦克斯韦方程中，电现象和磁现象是完全对称的。而已知的自然界荷电粒子都是单极性的，即只能携带两种相反电荷的一种。1931 年，英国物理学家狄拉克由此类推而预言，自然界中也有“磁单极子”存在。这一推理是否可靠，只有通过实验和观测才能揭晓。

鉴于类比方法的上述作用及其局限性，我们既要自觉地掌握它和运用它，又要尽量地设法提高它的可靠程度。为此，应注意以下两个问题：

第一，积累有关对象的丰富知识，是运用类比推理的必要条件。类比方法的运用是以已有的知识为基础的，因此，一般说来，所积累的知识越丰富、越广博，在选择恰当的类比对象时，就越能够左右逢源、运用自如。否则，在缺乏必备知识的情况下，勉强地运用类比，就容易做出牵强附会的推论。

第二，运用正确哲学思想的理论指导，是提高类比结论可靠程度的有力保证。类比结论的可靠程度，取决于相似属性（或共有属性和推出属性）之间的相关程度。

二者的相关程度越高，结论的可靠程度就越大，反之，就越小。以表面相似为根据的肤浅的类比，是容易找到的，但实际上往往不说明任何问题。只有抓住事物的本质联系作为推理的根据，才能得到较为可靠、较为深刻的类比推论；而自觉地学习和运用唯物辩证法，必将使类比推理的方法在科学认识中发挥更大的作用。

第三节　归纳和演绎

“由特殊到一般，又由一般到特殊”，这是认识运动的一般进程。归纳和演绎就是这一认识过程中的两种推理形式，也是两种基本的思维方法。

一、归纳法

归纳法是从个别事实中概括出一般原理的一种思维方法，它也是一种推理形式。人们从长期的生产实践中看到，种瓜得瓜、种豆得豆，这些大量的个别的经验事实使人们得出一个结论：一切生物都能将性状传递给后代。这个过程就是一种归纳推理。

归纳法按照它概括的对象是否完全而分为完全归纳和不完全归纳。

完全归纳法是根据某类事物的全体对象做出概括的推理方法。数学上的穷举法就是一种完全归纳法。这一方法是在考察了某类事物的全部对象，发现它们皆具有某种属性之后才做出归纳的，所以得出的结论确实可靠。完全归纳法可用于数学证明。例如，在几何学上为了证明关于三角形的某个定理，必须分别按锐角、直角和钝角三角形三种情况来论证，而不能只根据某一种三角形如直角三角形的情况去做证明。

但是，在自然科学中运用完全归纳法往往会遇到困难，这不仅是因为在我们所考察的事物中，有些含有无限多个对象，根本不可能穷举，即使穷举那些有限的、但数量很大的事物也不是一件轻而易举的事，所以人们往往只根据部分对象具有某种属性做出概括，这种推理方法就叫不完全归纳法。简单枚举就是一种不完全归纳。如有人根据硫酸、硝酸、磷酸、硼酸都含有氧元素的例子，推出一切酸都含氧的结论就是简单枚举归纳。这种方法由于没有穷举全部对象，不能保证在没有考察的对象中出现例外，所以推出的结论只能算作猜测，猜测虽然也是非常有用的，但不一定可靠。事实上，在无机酸中就存在着像盐酸（HCl）、氢氟酸（HF）等不含氧酸。把仅属于部分对象的性质当作全体对象的一般属性进行归纳就往往会导致推理的失败，犯以偏概全的错误。

在不完全归纳法中，还有一种对经验科学十分有用的方法，称作判明因果联系的归纳法。它根据因果规律的特点，在前后相随的一些现象中，通过某些现象的相关变化，如同时出现、同时不出现或同时成比例地发生变化等事实，归纳出现象间的因果联系。这种方法包括求同法、差异法、求同差异共用法、共变法和剩余法。

这五种方法在逻辑学中叫作穆勒五法，可分别用公式表述如下：

求同法：

有关因素　被考察对象

A，B，C $\longrightarrow$ a

A，D，E $\longrightarrow$ a

A，F，G $\longrightarrow$ a

结论：A 和 a 有因果联系

差异法：

有关因素　被考察对象

A，B，C $\longrightarrow$ a

B，C $\longrightarrow$ a 不出现

结论：A 和 a 有因果联系

求同差异共用法：

有关因素　被考察对象

A，B，C $\longrightarrow$ a

A，D，E $\longrightarrow$ a

G，F $\longrightarrow$ a 不出现

M，Q $\longrightarrow$ a 不出现

结论：A 和 a 有因果联系

共变法：

有关因素　　被考察对象

A_1，B，C $\longrightarrow$ a_1

A_2，B，C $\longrightarrow$ a_2

A_3，B，C $\longrightarrow$ a_3

结论：A 和 a 有因果联系

剩余法：

有关因素　　被考察对象

A，B，C $\longrightarrow$ a，b，c

B $\longrightarrow$ b

C $\longrightarrow$ c

结论：A 和 a 有因果联系

在自然科学中，用坐标法或图表法找出某些变量的函数关系，其实就是在运用判明因果联系的归纳法。归纳法的客观基础是个性和共性的对立统一，个性中包含着共性，通过个性可以认识共性；个性中有些现象反映本质，有些则不反映本质，有些属性为全体所共有，有些属性则只存在于部分对象中，这就决定了从个性中概括出来的结论不一定是事物的共性，也不一定抓住了事物的本质。归纳法的客观基础决定了这种推理的逻辑特点：它虽然是扩大知识、发现真理的方法，但往往是一种不严密的、或然性的推理。

归纳法在科学认识中有重要作用。

任何一门自然科学在其发展历程中都有一个积累经验材料的时期。从大量观察、实验得来的材料发现自然规律、总结出科学定理或原理，这是科学工作中最初步的然而也是最基本的工作。

伟大的生物学家达尔文曾经说过："科学就是整理事实，以便从中得出普遍的规律或结论"。物理学家爱因斯坦说："科学家必须在庞杂的经验事实中间抓住某些可用精密公式来表示的普遍特征，由此探求自然界的普遍真理。"

归纳法正是从经验事实中找出普遍特征的认识方法。科学史表明，自然科学中的经验定律和经验公式大都是运用归纳法总结出来。例如关于行星至太阳距离的波德定律；关于气体压强、体积和温度的波义耳定律、盖-吕萨克定律和查理定律；关于电磁相互作用的奥斯特定律、法拉第定律；关于元素化合的定比定律，以及关于生物进化的生存竞争规律等，都是和归纳法的运用分不开的。对这些定律的进一步解释能使我们的认识深入一步，进而做出重大发现。

归纳法的第二个作用就是从个别事实的考察中看到真理的端倪，受到启发，提出假说和猜想，著名的哥德巴赫猜想（Goldbach）是由不完全归纳法提出来的。1742年，德国数学家哥德巴赫（Goldbach）根据奇数 $77=53+17+7$，$461=449+7+5=257+199+5$ 等例子看出，每次相加的三个数都是素数，于是他提出一个猜想：所有大于5的奇数都可以分解为三个素数之和。他把这个猜想写信告诉欧拉，欧拉肯定了他的想法，并补充提出：4以后每个偶数都可以分解为两个素数之和。前一个命题可以从这个命题中得到证明，这两个命题后来就合称为哥德巴赫猜想。对假说和猜想的检验推动着认识不断接近真理。归纳法作为提出假说的一种方法，对探索真理有启发作用。

归纳法不仅是一种认识方法，它对科学实验也有指导意义。在科学实验中，人们为了寻找因果联系，把实验安排得有效而合理，必须参照判明因果联系的归纳法安排一些重复性实验以便考察实验条件与研究对象之间是否有同一关系（同时出现），在人为地改变某一条件下进行对照实验，以便考察实验条件与结果是否有差异关系、共变关系等等。只有这样，才能使实验以简明、确定的方式表现出事物的因果联系，为我们提供可靠的经验材料。在这里，归纳法为合理安排实验提供了逻辑根据。

二、演绎法

与归纳法相反，演绎是从一般到个别的推理。人们根据物质是无限可分的这一观点推知基本粒子也是可分的，这就是一个演绎推理过程。

演绎推理的主要形式是三段论。用上面的例子来表示就是。

大前提：自然界中一切物质都是可分的；

小前提：基本粒子是自然界中的一种物质；

结论：基本粒子是可分的。

从这个例子可以看出，演绎推理是一种必然性推理。因为推理的前提是一般，推出的结论是个别，一般中概括了个别，凡是一类事物所共有的属性，其中的每一个别事物必然具有，所以从一般中必须能够推出个别。然而，推出的结论是否正确这要取决于推理的前提是否正确和推理的形式是否合乎逻辑。**在推理的形式合乎逻辑的条件下，运用演绎法从真实的前提中一定能得出真实的结论，这就是演绎推理的特点。**

演绎推理是科学认识中一种十分重要的方法。

演绎推理是逻辑证明的工具，由于演绎是一种必然性的推理，在推理形式合乎逻辑的条件下，推理的结论直接取决于前提，所以人们可以选取确实可靠的命题作为前提，经过推理证明或反驳某个命题。这个作用在一切用公理构造起来的理论体系中，表现得最突出。整个欧几里得几何就是一个演绎推理的系统。

演绎推理是做出科学预见的一种手段。把一般原理（理论）运用于具体场合做出的正确推论就是科学预见。由于科学理论是已被实践检验过的真理，由此做出的推论就是有科学根据的，它对实践有指导作用。20 世纪 20 年代，人们发现在 β 衰变中有能量亏损现象，衰变放射出来的电子带走的能量小于原子核损失的能量。为了找到这一现象的真实原因，物理学家泡利根据能量守恒原理做出推论，1931 年他预言在 β 衰变中有一种尚未发现的微小中性粒子带走了亏损的这部分能量。美籍意大利物理学家费米把它命名为“中微子”。到 1956 年人们利用原子反应堆进行一系列观察和实验，终于确证了中微子的存在。

演绎推理是发展假说和理论的一个必要环节。科学假说和理论都要经受实践的检验而不断地得到发展。用什么实验检验它，怎样去检验，这就需要从理论和假说中推演出一个可以与实验相对比的具体结论用以指导实验、设计实验。这一推演过程就是演绎推理。关于细菌突变的研究就说明了演绎在检验和发展假说和理论中的作用。

细菌学家早已知道在细菌培养体中确能发生变异。譬如一个原来对某种药物没有抗性的细菌，培养一段时间，将该种药物喷洒于培养基中，则发现能重新繁殖出一种对该药物具有抗性的新品系。对这个现象可以有两种解释，一种是根据拉马克观点来解释，即变异与药物的接触有关，原来没有抗性的细菌被药物“教养”而成为新品系。一种是根据达尔文观点来解释，即细菌的突变随时发生，和药物的接触无关，药物起了选择作用，将具有抗性的突变性状个体保存下来，而将没有这种突变性状的个体淘汰掉。鲁里耶（S. E. Luria）等人提出，这两种解释可以通过实验来加以检验。他们将同种没有抗性的细菌接种到多个培养皿中，进行培养，经过一段时间再用药物处理。他们根据这两种解释做了这样的推论：如果抗性突变的发生和药物接触无关，在药物处理前，每时每刻都有可能产生突变。突变发生时间越早，突变型细菌繁殖时间越长，突变型细菌的数目越多。反之，数目越少。那么，每个培养基上的抗性突变型数目，将因突变发生的时间不同而有很大差异。另一方面，如果抗性细菌只有在这种细菌培养体与药物接触后才能产生，则在不同培养基中所产生的抗性细菌数，除了受取样误差的影响外，不会有很大的差异。多次实验结果证明，不同培养基中突变型细菌的数目差异很大，从而证明了细菌的突变与药物接触无关，达尔文的观点是正确的。由此可见，演绎为检验、发展假说和理论创造了必要条件。

三、归纳和演绎的辩证关系

正如一切客观事物都是个别和一般的统一体，在思维中，从个别到一般和从一般到个别的推理也是相辅相成的。

演绎必须以归纳为基础。这是因为作为演绎出发点的一般原理往往是由归纳得出来的。没有大量经验事实不可能建立能量守恒定律，没有大量杂交实验也不可能有遗传学理论。在自然科学中，有些一般性的命题虽然十分抽象，如广义相对论关于匀加速运动和均匀引力场等效原理以及非欧几何的平行公理，它们在表面上远离了个别经验事实，似乎是“纯粹思维的创造”，但是它们仍然是直接或间接地以经验事实为基础的。广义相对性原理直接以惯性质量和引力质量相等的事实为依据，非欧几何中关于三角形三内角之和不等于两直角的命题也在天文观测中得到了证实。这些事实说明，任何一般都必须以个别为基础。

归纳需要以演绎为指导。人的认识一般是从研究个别对象开始的，这种情况表明归纳推理有一定的独立性，但是完全脱离演绎的归纳是盲目的。人们如要克服盲目性，增强自觉性，就必须以某种演绎作为归纳的指导。例如人们总是根据已知的科学原理事先进行一些推断，做出某种设计，然后再去进行探索性的观察和实验。另外，人类的认识是一个历史的长河，其中的一个环节不能脱离其他环节而孤立存在，而已经积累的知识总是要在每一次归纳中起指导作用。恩格斯在讲到归纳法时说：“甚至归纳推理（一般说来）也是从 A—E—B 开始的。”在实际的认识过程中归纳和演绎是互为条件，互相渗透的。

归纳和演绎在认识过程中的互相渗透在数学归纳法中体现最明显。数学归纳法是一种证明方法，它的证明步骤是：

1）对于一个与自然数有关的命题 A，证明当 $n=1$（或 n 等于一个有限的自然数）时命题 A 成立；

2）假设命题 A 对于 $n=k$ 时成立，要求推出命题 A 对于 $n=k+1$ 也成立。

由 1）和 2），可知命题 A 对所有的自然数都成立。

这个证明过程从形式上来看是一个归纳推理，因为它是根据 A 对于 $n=1$ 成立；$n=k$ 成立，$n=k+1$ 也成立得出一般结论的。但实质上，这里既有归纳也有演绎。A 对于 $n=1$ 成立是推理过程的出发点和基本根据，这是一个个别性的命题，所以推理有归纳的性质。但是，证明的关键步骤是演绎：证明 $n=k$ 时命题 A 成立，$n=k+1$ 时命题 A 也必然成立，这个判断就作为演绎推理的大前提，并根据任何一个自然数 m 都可以表示为 $k+1+1+\cdots+1$ 的形式这个小前提，推出 A 对于所有的自然数都成立，这个步骤就是一个演绎推理。在这里，演绎仍然是以归纳为基础的，因为当假设命题 A 对于 $n=k$ 成立时，归纳证明的第一步已经证实 $n=1$ 时命题 A 成立，没有这个特例作为基础，就不能假设 A 对于 $n=k$ 成立。

在逻辑史上，关于归纳和演绎的作用及其相互关系曾经有过一些片面的认识。在古希腊，由于历史的原因，亚里士多德着重研究了演绎法，建立了以演绎逻辑为主体的形式逻辑体系。但是他把演绎法看作认识的唯一工具，认为归纳不过是演绎的变形。他的这种片面性被中世纪的经院哲学加以夸大，使演绎法成了一种完全脱离实际认识过程的空洞、枯槁的形式。随着近代自然科学的兴起，弗·培根制定了作为科学认识方法的归纳法。这种方法在近代自然科学积累材料时发挥了很大作用。但是培根是一个经验论者，他不了解理性的能动作用，对演绎法缺乏研究。到19世纪，出现了以穆勒和惠威尔等为代表的“全归纳派”，他们把归纳视为万能的认识方法，把演绎看作归纳的变形，走向了另一个极端。这种看法不仅把认识过程僵化了，而且否认了推理的其他形式。**恩格斯指出：“归纳和演绎，正如分析和综合一样，是必然相互联系着的。不应当牺牲一个而把另一个捧到天上去。应当把每一个都用到该用的地方，而要做到这一点，就只有注意它们的相互联系、它们的相互补充”。**恩格斯的这一精辟论述阐明了归纳和演绎的辩证关系，是我们正确评价和运用这两种方法的指针。

第四节　分析和综合

分析和综合是抽象思维的基本方法。它们同比较、分类、类比、归纳、演绎等方法并不是相互平行、完全独立的，而是互相渗透的。例如，在类比和归纳中就要运用分析，比较有时就是一种综合；在分析和综合中，又离不开比较、归纳和演绎的方法。

一、分析及其在认识中的作用

分析是把整体分解为部分，把复杂的事物分解为简单要素分别加以研究的一种思维方法。

在客观事物中，组成整体的各个部分本来是相互联系的，为了分析这些部分或方面，就必须把它们暂时割裂开来，把被考察的因素从整体中抽取出来，暂时孤立起来，以便让它单独地起作用。例如，为了研究物质的放射性，人们常常用一个外加电场或磁场，把射线中各种成分中分开，使带电粒子显示出它特有的性质，便于单独地加以研究。为了搞清一个细胞里的化学反应的历程，就需要把上千种单个反应环节逐一抽取出来，分别加以研究。为此，我们把有关的酶提取出来，将它和相应的底物放在试管里，在细胞外重演这个反应环节，搞清这个反应是如何进行的。唯有这样，才能对它进行详细的研究和描述。**这正如列宁所指出的，“如果不把不间断的东西割断，不使活生生的东西简单化、粗糙化，不加以割碎，不使之僵化，那么我们就不能想象、表达、测量、描述运动”。**在各门自然科学中，所采用的和上述方法类似的单因素分析法或单因子实验法都是为了深入事物的内部，研究它们的细节，为从总体上把握事物积累材料。

然而，分割、孤立地研究事物的各个方面并不是分析的最终目的，而只是认识的一种手段，分析的目的在于通过现象把握本质。为此，需要在上述研究的基础上，把事物的各个方面放到矛盾双方的相互联系、相互作用中去，放到事物的运动、变化中去，看看它们各占何种地位，各起何种作用，各以何种方式与其他方面发生相互制约又相互转化的关系等。这样才能抓住事物的主要矛盾和矛盾主要方面，使认识深入一步。例如，我们在分别考察了细胞中的单个化学反应环节之后，就要从细胞的能量转换、物质转换和信息转换方面分析这些环节。从能量转换的观点来看，细胞是一个在常温常压下进行的等温化学反应体系，在任何给定的时间，细胞本质上有一个不变的温度，它的各个部分压力相同。为什么细胞能在常温常压下完成许多无机世界中必须在高温高压下才能进行的反应呢？我们发现，在细胞的能量转换中起关键作用的是一种叫作分子换能器的腺三磷（ATP）酶复合体。在它的作用下，可以把细胞呼吸过程中所释放的能量转化为 ATP 的键能。ATP 是细胞代谢中非常重要的一种物质，它在不断地被合成和分解的过程中，把从外界得来的自由能贮存起来，并在需要时再释放出来，直接用于生命活动而做“功”。有人把 ATP 的这种作用喻为“发电厂”或能量的“流通货币”。显然，ATP 的循环和与之密切相关的呼吸代谢是细胞能量代谢的中心环节。正是这一环节在细胞的等温化学反应中起着关键性的作用。而细胞中这样一个等温化学反应过程决定了细胞必须是一个开放体系。这一体系的一切能量交换和物质交换活动又是在 DNA 的信息控制下实现自我调节、自我完成的。通过这一分析，我们不仅找到细胞中能量转换的中心环节，而且抓住了整个细胞生命活动的本质。**这说明，分析的方法本质上是辩证的方法，它体现了具体问题具体分析这一辩证法的活的灵魂。**

在自然科学中，有一种特有的分析方法叫作元抽象法或元过程分析法。它是从某种物理现象中抽取出任意一小部分进行研究的一种方法。例如，从流体内部抽取出一个非常小的体积元，从有一定质量分布的刚体内部抽出一个很小的质元等等。通过分析这个小单元的局部运动中各种物理量的关系和变化规律，建立描述整个物理过程的微分方程。有了微分方程我们不仅可以求出物理过程在某一特定条件下的瞬时状态，而且可以把握整个物理过程运动变化的趋势和特点。元过程分析法是用数学工具研究物理运动的常用方法，它体现了辩证法在自然科学中的具体应用。

对事物进行分析，可以借助于抽象思维的能力来进行，也可以借助于实验的方法来实现，二者是相辅相成的。如上所述，用实验的方法把整体分解为部分，从复杂的联系中隔离出某一因素进行考察，可为思维中的分析提供大量感性材料和客观依据，在此基础上，运用抽象思维能力就能深入本质，发现事物的内在联系。自然科学史上许多重大突破，如原子、分子及基因的发现都是这样的。

例如，18 世纪末，分析化学积累的大量材料证明，每一种化合物都有自己确定的组成，形成这一化合物的各种元素都有确定的质量比，这就是定比定律。19 世纪初，道尔顿进一步研究了各种化合物中有关成分的质量比，并结合他自己对气体的研究，分析了大量实验材料。他发现，弄清化合物简单成分的相对质量是一个重要目标，由此，人们可以推出物体的终极质点或原子的相对质量。1803 年，他列出各种元素的相对原子量，并据此推导出了倍比定律。1808 年，道尔顿系统地提出了原子理论。1811 年，意大利化学家阿伏伽德罗，根据各种气体相互结合时体积成整数比的定律引入了分子的概念。道尔顿和阿伏伽德罗并没有看到分子或者原子，没有在实验室中分出单个的分子或者原子。他们是通过千万个原子或者分子表现出来的客观现象，抽象出分子或者原子的概念的。可以说他们利用思维的力量，将物体“分割”成组成它的分子，将分子“分割”成组成它的原子，并对这些分子和原子进行了考察。**这就说明了运用抽象思维的能力进行分析可以达到实验手段尚未达到的广度和深度；说明了作为逻辑思维方法的分析，在感性认识到理性认识的飞跃中有重要作用。**

然而，思维的分析是离不开感性材料的，它为感性材料所制约。人类的实践在一定的历史时期总是有局限性的，根据这一时期实践中取得的经验材料所做的分析也必然有局限性。例如，借助一般的宏观的物理化学现象，思维中的分析可以达到分子和原子。如果能自觉地进行辩证的思维，还可以预见到原子也是有结构的，原子仍然是可分的。但是要深入到原子内部就非常困难了。分析的工作要进一步深入下去，就必须改进实验手段再实践，将思维中的分析转化为实验中的分析。人们对原子的认识正是经历了这个过程。

19 世纪下半叶发明了真空管，通过研究真空中的放电现象发现了阴极射线。1897 年约翰·汤姆逊通过实验证明阴极射线是由带负电的、质量小于氢原子质量千分之一的粒子组成的。后经计算确定，这种粒子的质量为氢原子质量的 1/1836。于是，人们发现了第一个亚原子粒子——电子，在原子的精细躯体上切了第一刀。差不多与此同时，柏克勒尔在 1896 年发现了放射性现象。人们对放射性物质所发出的辐射分别进行考察，认证出 β 射线是电子流，α 射线是氦核流，γ 线类似于 X 射线，但波长较短。原子既然能发射出这些射线就证明了它不是不可分的，它包含着复杂的成分。除了人们已经发现的电子，卢瑟福又在原子中认证出一种带正电的粒子——质子。1930 年用放射性元素爆发出的 α 粒子轰击铍原子时，得到贯穿了本领非常高的辐射，两年后查德威克证明，它是一种具有差不多和质子相同的质量但是不带电的粒子——中子。正是通过实验中的分析，人们把原子打开了，使认识深入到原子内部，搞清楚它的组成，为阐明元素周期律及化学变化的内部机制找到了根据。

分析的方法也有它的局限性，由于着眼于局部的研究，就可能将人的眼光限制在狭隘的领域里，把本来互相联系的东西暂时割裂开来考察；也容易造成一种孤立、片面看问题的习惯。为了克服这些缺点，避免陷入片面性，认识就不能只停留在分析上，必须按照认识过程本身的辩证法，按照客观事物本身的辩证关系把分析和综合统一起来。

二、综合及其在认识中的作用

综合，就是在思想中把对象的各个部分、各个方面和各种因素联结起来考虑的一种思维方法。

综合不是主观地、任意地把对象的各部分捏合在一起，不是各个部分的机械相加，也不是各种因素的简单堆砌，而是按照对象各部分间的有机联系从总体上把握事物的一种方法。它不是抽象地、从外部现象的联结上来认识事物，而是抓住事物的本质，即抓住事物在总体上相互联结的矛盾特殊性，研究这一矛盾怎样制约着事物丰富多彩的属性，怎样在事物的运动中展现出整体的特征。

原子是自然界物质多层次结构中的一个重要关节点。为了了解原子，我们要分析组成原子的各种基本粒子。同时，要在此基础上，综合起来研究这些基本粒子是如何组成原子的。在电子发现后，相继出现了 1904 年约·汤姆孙的原子模型，1911 年卢瑟福的原子模型，1913 年玻尔的原子模型。现代量子力学的重要任务之一就是研究原子核和电子之间的矛盾运动，从而对原子的性质从整体上给以统一的科学说明。

细胞是生命有机体的基本单位，一些简单的有机体就是一个细胞。为了了解细胞，我们要分析地考察组成细胞的各种细胞器，考察它的基本成分——蛋白质、核酸等生物大分子的结构和功能。同时，又要在这个基础上，综合地考察由这些生物大分子所制约的几千种单个化学反应环节如何联结成有序的化学反应历程，考察这些反应历程如何借助反馈作用而得到精确的自我调节，从而在整体上表现出代谢、生长、繁殖、遗传、变异、应激性等生命现象。

自然界中的各种元素既表现出丰富的多样性，又有着深刻的统一性。当人们分别考察这些元素时，暂时地把各个元素之间的联系割断。然而，在把握了这些元素各自的特性以后，就要用综合的方法，把这些联系恢复起来。这时元素之间量转化为质的辩证发展图景就呈现在我们面前，这就是著名的元素周期律。

自然界的各种动物、植物、微生物组成了一个统一的有机界。16—17 世纪，人们把各种生物区分开来，以便分别地考察各个物种，而把各个物种之间的联系暂时地舍弃了。在关于各个物种的资料积累到一定程度时，就需要做综合工作。这时，生物分类的序列就成了生物进化的阶梯，整个生物界呈现出一个由低级到高级的连续不断的进化过程。历史上，歌德、圣·提雷耳、拉马克等人的生物进化思想就是从这里产生的。

综合的认识优于分析的地方，在于它恢复并把握了事物本来的联系和中介，克服了分析给人的眼光造成的局限，因而就能揭示出事物在其分割状态下不曾显现出来的特性。例如当人们分别研究大气圈、水圈、生物圈、岩石圈的运动时，往往只注意其内部的物质过程和运动规律，外部环境的影响作为既成的东西被引入。但是当人们对这几个圈层的运动综合考察时，就发现它们彼此有着极为密切的相互依存、相互作用的复杂的关系。生物的活动直接影响了大气的物质成分，大气成分的变化又制约着来自宇宙空间的物质和能量对地球的影响。这种影响直接关系到地球上气象的、生物的活动。水圈和大气圈的相互作用，在自然界中形成叱咤风云的力量。所有这些变化又直接或间接地影响到岩石圈的运动。总之，这些圈层之间不断进行着物质和能量的交换活动，它们形成了一个复杂的生态系统，生态学和环境科学就是以综合地研究这个系统的运动规律为对象的。这种研究对人类的生存和科学的发展都是极其重要的。

20 世纪 50 年代以来遥感技术和空间技术的发展为人们从整体上研究地球创造了条件。综合地研究全球范围内的气象、洋流、资源分布、地貌特征和地球物理活动将给气象学、海洋学、地质学和地球物理学等学科带来深刻的变化。例如近年来发现，在地面 1000 公里以上有一个由氢、氦组成的地冕，研究它的成因为说明地球和大气的起源与演化提供了重要的线索。

三、分析和综合的统一

整个认识过程是分析和综合的统一。恩格斯说："思维既把相互联系的要素联合为一个统一体，同样也把意识的对象分解为它们的要素。没有分析就没有综合"。

分析和综合的辩证统一首先表现在分析和综合的相互依存、相互渗透中。综合必须以分析为基础，没有分析认识不能深入，对总体的认识只能是抽象的、空洞的。只有分析而没有综合，认识就可能限于枝节之见，不能统观全局。事实上任何分析总要从某种整体性出发，总不能离开关于对象的整体性认识的指导，否则分析就会有很大的盲目性。在物理学上，人们对热现象的认识起初是从宏观上进行描述和测量的。17 ~ 18 世纪的量热学和测温学就是对热现象的一种笼统的、宏观的认识成果。到了 19 世纪上半叶，气体分子运动论提出后，人们发现宏观的热现象都是大量分子的无规则运动所表现出来的统计规律，在此基础上，建立了古典统计力学。20 世纪初，量子力学建立后，人们又从原子和电子运动的层次上分析了热现象，进一步揭示了热运动的本质，并在此基础上建立了量子统计物理。对热运动的这一认识过程就是一个不断分析、不断深入的过程。每当认识深入到一个新的层次时又为综合性的认识、为宏观的热力学特性提供新的解释，这就是在新的分析基础上的新的综合。生理学中的急性实验和慢性实验也是如此。急性实验，是从机体中取出某些组织或器官来进行实验研究，这时动物机体已经死亡，取出的这些组织也只能暂时保持生命活动的机能。这种实验的目的在于分别研究各组织、器官的特征和局部运动规律。慢性实验，是为了观察实验的需要，使用外科手术在动物机体上制造一个瘘管（如胃瘘），或于某一部分埋藏一个能把生物电引出来的电极，但整个机体还保持基本正常的生命活动。例如，巴甫洛夫在狗身上做的条件反射的实验，就是一种慢性实验，它可以比较完整地研究在感受器、神经系统和效应器之间所进行的外界信息的接受、转换及传递的过程。这两种实验相对而言，急性实验是一种分析的实验，它能够更深入地揭示出某种机能的精细过程；慢性实验则是一种综合的实验，它便于从整体上、从相互联结上研究机体的功能。它们都是生理学研究中不可缺少的实验方法。两者相辅相成，各有长处。这些事例都说明只有将分析和综合这两种方法结合起来使用，才能达到较全面的认识。

分析和综合的统一还表现在它们的相互转化上。人的认识是一个由现象到本质、由一级本质到二级本质不断深化的过程。在这个过程中，从现象到本质、从具体到抽象的飞跃是以分析为主的，一旦达到了对事物的本质的认识，就要用这个本质说明原有的现象，这就是提出假说、建立理论（或模型）的过程，这个过程就以综合为主。随着认识的推移，当新的事实与原有的理论发生矛盾时，认识又可能在新的层次上转入分析。人们的认识就是在这种分析—综合—再分析—再综合的过程中不断前进的。对物质结构的某一层次的认识，对于上一个层次来说是一种分析的认识，对于下一个层次来说又是一种综合性的认识。例如，道尔顿的原子论和门捷列夫周期律是对化学元素和原子这个层次的认识。这些认识对化合物来说是一种分析的认识，因为它能从组成上来说明化合物的属性，这些认识对原子内部的电子和原子核来讲又是一种综合性的认识，因为原子（或元素）表现出来的一些性质如原子量、原子序数、化合价等都是原子内部的电子和原子核相互作用的整体效应，必须从原子内部的相互联结上和总体上来把握原子，才能说明各种元素为什么有不同的原子量、化合价等等。这说明，分析和综合对不同的物质层次来说也有一个转化问题，这种转化是分析和综合辩证统一的一种形式。

第五节　证明和反驳

一、证明及其作用

人们在阐明一个思想时，往往举出一些事实或科学原理作为根据，来论证这一思想的正确性，这种方法就叫证明。证明是用已知为真的判断来确定另一个判断真实性的一种逻辑方法。例如，人们举出自然界中存在着各种运动形式相互转化的事实和在转化中存在着确定的当量关系来阐明“能量不能消灭，也不能创造，它只能从一种形式转换为另一种形式”这一论断，就是一种证明。

证明是由论题、论据和论证方式组成的。论题是其真实性需要被证明的判断，在上述例子中就是能量守恒原理。论据是用来证明论题真实性的根据，在上述例子中就是自然界中存在着的各种运动形式相互转化的事实及其当量关系。论证方式是论题和论据之间的逻辑联系，也就是证明中所使用的推理形式，在上例中用的是归纳推理。

一个证明过程只有合乎逻辑才能达到论证思想、说服别人的目的。为此，必须掌握证明的逻辑规则。

第一，论题必须明确，并在论证过程中要始终保持同一，保持稳定性。在论证过程中论题一旦确定，就不能随意扩大或缩小，更不能偷换论题。偷换论题是一种诡辩。在讨论热力学第二定律的过程中，有人提出过这样一个命题：过程的不可逆性必然导致“热寂说”，热力学第二定律与热寂说有必然联系。像这个命题就是很不明确的。因为过程的不可逆性这个概念没有指出是在有限的时空条件下，一切和热运动有关的物理、化学过程具有不可逆性，还是指整个宇宙无条件地到处都存在着过程的不可逆性。如果在论证这个命题时，把热力学第二定律严格加以限制的条件扩大了，把这种不可逆性扩大为无限宇宙的规律，从而引出热力学第二定律必然导致热寂说的结论，这就是一种诡辩。

第二，论据必须真实。论据的真实性不依赖于论题的真实性，论据不真实就会犯虚假论证的错误。论据的真实性如果依赖于论题的真实性，这种论据是不能成立的，用它作为论据就会导致循环论证。例如，我们知道“三角形的内角之和等于二直角”这一定理是用平行公理来证明的，如果在论证的过程中再用这个定理去证明平行公理，就是一种循环论证。

第三，论证要合乎逻辑。论据和论题存在着必然性的联系，通过论证才能使人知道为什么论题是正确的。如果论据与论题没有联系，就根本不能推出论题；如果论据和论题只有或然性的联系，论题只是从论据中推出的一个可能性的结果，这种证明也是不可靠的。例如人们根据经验的观察知道，每天早上太阳从东方升起，晚上从西方落下，千百年来都是如此。但是如果以此来证明今后太阳也必然是这样，这个证明就缺乏逻辑根据。因为，太阳今天的东升西落和明天的东升西落之间没有必然的联系，单凭经验不能证明今后太阳一定是东升西落而不会是南升北落。只有弄清了这种现象的真正原因在于地球的自转，才能证明在地球生存的漫长岁月里这种现象是必然的。

第四，论证要有充分的根据。一般说来，一个论题只要有了必然性的论据就能得到证明。但是由于客观情况的复杂性，如果论据不够充分，论题只能部分地得到证明，论证就失于严密。例如，以前人们认为微观粒子的运动普遍遵守宇称守恒定律：粒子体系和它的“镜像粒子”体系都遵从同样的运动变化规律。这一定律曾为很多实验所证实。但是，到了 1953 年，有人发现了一种异常现象，即所谓 τ-θ 疑难。一个带电的 τ 粒子衰变成三个 π 介子证明 τ 的宇称为负，一个带电的 θ 粒子衰变为 2 个 π 介子定出它的宇称为正，而 τ 和 θ 两种粒子的质量、自旋、奇异数等性质几乎完全相同。这就产生了一个疑难，τ 和 θ 究竟是两种粒子还是一种粒子？如果是两种粒子，为什么它们的质量、自旋等性质完全相同呢？这在物理学家看来是不大可能的。如果是一种粒子，为什么它们的宇称又不同呢？面对这个疑难，美籍物理学家李政道和杨振宁检查了以往所有证实宇称守恒的论据，发现这些实验和计算虽然都是对的，但是其中没有一个实验能够说明弱相互作用下的宇称守恒。由于证据不充分，就存在着弱相互作用下宇称不守恒的可能性。他们用这一大胆设想解释了 τ-θ 疑难，后来，实验果然证实了他们的假说。这个例子说明，严格的证明必须有充分的证据。

按照证明的方法，证明可分为直接证明和间接证明。直接证明就是由论据中直接推出论题的真实性。例如前面讲到的用事实证明能量守恒原理就是直接证明。

间接证明有两种，一种叫反证法，就是通过证明和论题相矛盾的判断是虚假的，来证明论题的真实性。欧几里得就曾用反证法证明了“质数有无穷多个”这一命题。他先假定一个矛盾的命题。质数只有有限个，并且用 N 表示最大的一个。如果把所有的质数相乘再加 1 即 $(2\times3\times5\times\cdots\times N)+1$，这个数肯定比 N 大，且不能被 N 以前的质数整除。这个数要么是质数，要么它可以被比 N 还大的质数整除。无论是哪种情况，都导致这样一个结论：存在着比 N 还大的质数。所以“质数只有有限个”这个命题是假的，把质数可能性全部列举出来，通过一一排除各种可能的情况证明剩下的唯一一种可能性是真实的。例如上海水文大队在探索地面沉降的原因时，列举出可能引起上海地面沉降的各种原因。通过实验证明。上海地面沉降不是由于海平面上升，也不是由于高层建筑物的压力，也不是由于天然气的开采，上海地面沉降的原因是由于大量抽取地下水的结果。这种证明方法，就是根据探求因果联系的剩余法，用选择推理的方式来进行的。

证明是一种比推理更复杂的思维形式。在证明知识真理性的过程中，通过论据和论题的逻辑联系进一步揭示客观事物之间的内在联系，有助于发现真理，推进认识。例如达尔文根据大量的观察材料发现，物种是可变的而不是不变的。但是为证明物种进化的必然性，他必须找出一种自然的原因说明进化的具体过程。达尔文根据生物界普遍存在着生存斗争和变异、遗传现象推出：当生存斗争在不同的个体之间进行时，那些能够较好地适应环境条件的个体在斗争中将有较多的机会得到繁殖而传下后代，那些适应较差的个体则被淘汰，物种就在自然选择的作用下不断进化。

证明在建立理论体系的过程中，是把概念和判断联结起来的纽带，它为这个体系的结论在逻辑上提供立论的根据。大家都知道任何一个理论体系都是由概念、用概念组成的判断（基本定律）以及用逻辑推理得到结论这三者构成的。用概念、判断为根据推出科学结论，其实就是一种证明。正像上面讲到的，达尔文进化论的核心，就是通过自然选择，说明物种起源。为了说明这一结论，他通过大量繁殖、少量生存的事实，证明了生存斗争是自然界的普遍现象，又根据这一结论和普遍变异的事实，证明了自然选择的客观存在。而自然选择保存、积累变异，使一个物种演变为另一个物种。整个进化论的这一主要骨架形成了一个逻辑体系，其中推理和证明起了联结概念和判断的纽带作用。

二、反驳及其作用

反驳是用已知为真的判断揭露另一个判断的虚假性的逻辑方法。例如根据热力学定律揭露关于永动机的任何设计都是虚假的，就是一种反驳。

反驳的方法很多。举出事实，证明论题与事实不符，就是一种最直接、最有力的反驳。俗话说“事实胜于雄辩”，说的就是这种反驳的优点。另一种反驳的方法叫归谬法，即由对方的论题推导或引申出荒谬的结论，从而证明论题不能成立。恩格斯揭露宇宙热寂说的荒谬时用的就是这种方法。他指出，如果放射到宇宙空间中的热不能再转化为另一种运动形式，那就意味着物质的运动不再具有转化的能力，尽管运动的数量没有消失，而运动的多样性却会消失，这样就会导致运动部分地被消灭了这个荒谬的结论，所以宇宙热寂说是不能成立的。反驳的第三种方法就是独立地证明一个和对方论题相矛盾的命题是真实的，从而证明对方论点的虚假性。例如人们在研究无机物和有机物的区别时，曾经提出过这样一种观点。无机物是能以人工方法用其他元素制成的一种物质，而有机物则是不能人工制取的、动植物机体中的直接成分。这个观点被化学的进一步发展所驳倒。1828 年德国化学家维勒用无机物氰酸铵（NH_4CNO）制成了尿素（$CO(NH_2)_2$）。将天然尿素和人工制取的尿素进行比较，证明二者的性质完全一样，它们具有同样的组成。这一发现以及相继从无机物中合成草酸、蚁酸、脂肪等事实证明，有机物是能够用人工的方法从无机物中直接制取的。这一命题与上面提到的观点是两个相互矛盾的命题，其中一个既真，另一个必假。

在人类认识史上，我们还常常看到有一种和归谬法相似的反驳形式，即悖论（悖理）或佯谬这样一种形式。在逻辑学上，悖论指的是这样一种命题，即由它的真可以推出它的假，由它的假，又可推出它的真。在这里，我们是在更广泛的意义上理解悖论的。所谓悖论就是一种逻辑矛盾。从某一前提出发推出两个在逻辑上自相矛盾的命题，或从某一理论、观点中推出的命题与已知的科学原理产生的逻辑矛盾就叫悖论。例如古希腊哲学家芝诺就提出过关于运动和时空的四个悖论：飞箭不动、长跑家追不上乌龟、运动不能开始和一半等于二倍。1781 年德国哲学家康德也曾提出过关于时空有限性和无限性的二律悖反；世界在时间上是有开端的，世界在时间上没有开端，世界在空间上是有界限的，世界在空间上没有终点。19 世纪中叶，数学上出现了集合论，集合论建立之初就发现了一系列著名的悖论，如罗素悖论。在物理学上的悖论常译作佯谬。例如从经典力学的观点出发，波尔兹曼认为，对于原子组成的体系，在给定的温度下达到热平衡时，热能应分配到所有可能参与热运动的粒子中去。当给一块材料加热时，电子将旋转得更快，质子将在核内振动得更强，组成质子的那些部分也将在各自束缚的范围内运动得更快等等。如此追溯下去，就会导致如下结果：要给物质的一小部分加热，就需要巨大的能量。由经典力学导出的这个结论叫作波尔兹曼佯谬。20 世纪 50 年代，人们发现在奇异粒子衰变中存在着 τ-θ 疑难，也被称作佯谬。

在推理过程中，悖论或佯谬的出现说明推理的前提或推理的方法可能有逻辑错误。但是，经过认真的分析我们发现，悖论或佯谬的出现并非单单反映出逻辑思维的不严密性，同时它还揭示了在这些悖论或佯谬背后隐藏着客观事物本身的矛盾。例如芝诺悖论就反映了时空的连续性和间断性的矛盾，康德的二律悖反就反映了时空的有限性和无限性的矛盾，波尔兹曼佯谬反映了能量分布的连续性与量子化的矛盾。从辩证法的观点看来，这些客观矛盾并不构成逻辑矛盾。但是，如果人们形而上学地夸大矛盾的一方面或者割裂矛盾双方的联系，由此推出的结论就可能导致逻辑矛盾。芝诺由于夸大了时空的无限可分性而导致了长跑家追不上乌龟的悖论。波尔兹曼只考虑能量分布的连续性而导致了上述佯谬。这说明悖论和佯谬首先与推理的逻辑出发点直接有关。如果改变了推理的前提就可能排除逻辑矛盾，使悖论或佯谬转化为真理。例如，把波尔兹曼佯谬的出发点——经典力学改为量子论，就可以合理地说明微观粒子热运动的佯谬。量子论告诉我们，微观粒子运动处于特定的能态，其能量具有特定的阈值。原子的阈值为几个电子伏的数量级，原子核的阈值就有几百万电子伏。这些能态是不连续的、量子化的。物质所具有的平均能量在达到某一阈值之前，更深层次的粒子是不参与能量交换的。所以，当我们研究原子能量范围内的现象时，不需要考虑核的内部结构；当我们研究气体在常温常压下的机制时，不需要考虑原子的内部结构。微观粒子中参与热交换的只有在所用温度下就能被激发的那些粒子。从量子论的这一观点来看，给物质加热所需的能量就不能无条件地追加下去，所以波尔兹曼佯谬是不存在的。

在自然科学中，通过悖论或佯谬引出的逻辑矛盾，有助于揭露推理前提中隐含的客观矛盾，检查推理过程中的漏洞，推动着认识不断前进。例如，集合论中出现的悖论使人们认识到必须给某些基本概念以严格的定义，必须给公理系统建立严格的逻辑基础，这就推动了数学基础的研究。在哲学史上，苏格拉底用特有的反驳方法阐明自己的哲学观点；在自然科学史上，伽利略用归谬法揭露亚里士多德的虚妄之见，都说明了悖论和佯谬如一切反驳形式一样，对增强思维的严密性，引导人们发现真理有积极意义。

三、逻辑证明和实践检验

实践是检验真理的唯一标准，实践是逻辑证明的基础。大家都知道，逻辑证明的根据（推理的前提）和证明的规则都是来自实践的。列宁说：“人的实践经过千百万次的重复，它在人的意识中以逻辑的格固定下来。这些格正是（而且只是）由于千百万次的重复才有着先入之见的巩固性和公理的性质”。证明的结论（即推理的结论）还要不要经过实践检验呢？用归纳推理的形式进行证明，其结论是或然性的，当然要由实践检验其真伪。用演绎推理的形式进行证明，其结论也要受实践的检验。因为推理的前提是相对真理，是在一定实践条件下对客观事物的正确反映，它要随着实践的发展而不断地得到补充、修改，并日益精确和完善。把推理的结论放到实践中去检验正是为了暴露前提中不完全、不精确、甚至错误的成分，以便克服它，使逻辑证明不仅有逻辑的必然性而且有直接现实的根据。

实践标准是绝对的，又是相对的。实践标准的相对性要求辅之以逻辑证明。在实践的基础上，逻辑证明有自己特定的作用。

第一，检验理论的某个实践是具体的、特殊的，被证明的结论相对这个实践活动来说具有抽象的、普遍的形式。用实践证明理论就有一个把一般和个别、抽象的和具体的东西结合起来的问题，必须借助于从个别到一般的归纳推理或由一般到个别的演绎推理这个桥梁，才能实现实践和理论的结合。

第二，用实践来证明或驳倒一个理论是一个复杂的过程。某一学说或理论同某些事实相符合，甚至同大量事实相符合并不一定证明这个学说就是正确的。从某一学说推出的预见同某些事实相符，也不能认为这个学说就得到了确证，例如燃素说和热素说就是如此。因为这里有一个逻辑上的完备性问题。单纯根据理论同某些事实相符合并不能确定这种符合是由于现象上的、外部的联系所造成的，还是由于存在着本质的、必然的因果联系造成的。从逻辑上说同一个事实可以用不同的理论来解释，同一个结果可以由不同的原因引起。必须借助于逻辑思维、借助于分析，证明理论和事实之间存在着必然性的联系，即从某个理论必然能推出某一事实，这一事实只有用这种理论来解释，才能确保这一事实对理论证明的确定性、可靠性。这说明实践证明只有和逻辑推论结合起来才能有效地发挥作用。

第三，用实践检验理论总要受到物质技术条件的限制，在这种条件尚不具备时，逻辑证明是十分重要的。借助于以往的实践，初步判定理论观点是否合理，是否与已有的认识产生逻辑矛盾，这种逻辑证明能为我们的认识指出一个可能成功的途径，提供一个有希望的线索。

第四，在自然科学中，特别是在数学中，有一些涉及无穷数量的命题是无法用实践直接加以验证的。例如比较两个无穷集合的势，证明自然数集合和偶数集合、整数集合和分数集合有相同的势等等，这些命题只有靠逻辑推理来证明。当然把这些无限数学的命题和方法应用于解决实际问题而获得成效时，它们就间接地获得了实践的证明。以上说明，逻辑证明是实践检验的一个有效而必要的补充。

第五章　假说和理论

毛泽东同志在《实践论》中写道："认识的真正任务在于经过感觉而到达于思维，到达于逐步了解客观事物的内部矛盾，了解它的规律性，了解这一过程和那一过程的内部联系，即到达于理论的认识。"人们在自然科学研究中，总是要运用科学假说的方法，探索未知的自然规律，逐步形成科学的理论，而任何一种理论，又只能是相对完成的东西，它还要继续向前发展，科学理论作为一个系统化的逻辑体系，归根到底是自然事物历史发展过程或者人类认识过程的反映。因此，研究建立和发展科学理论的方法就必须研究科学假说、科学理论的基本特征、逻辑的和历史的统一，以及创造性思维等问题。

第一节　假说及其作用

人类为了探索错综复杂的自然现象背后的原因，揭示自然界的发展规律，创立科学的理论，往往要根据已经掌握的科学原理、科学事实，经过一系列的思维过程，预先在自己的头脑中做出一些假定性的解释。例如，在天文学中，康德曾提出太阳系起源于原始星云的假定，他认为在宇宙中存在着原始分散的物质微粒，由于吸引和排斥的作用，一方面使物质微粒不断凝聚，另一方面又使物质微粒产生围绕中心的旋转运动，并逐渐向一个平面集中，最后中心物质形成太阳，赤道附近平面上的物质则形成行星和其他小天体。在地质学中，李四光提出了如下的假说，他认为地壳运动发展的原因是地球内部物质运动所引起的地球自转速度的变更。其他在生物、物理、化学等各个学科中曾提出了诸如自然选择，物质的分子、原子结构，元素性质的周期性变化等许许多多的假定。因此，假说是自然科学研究的一种广泛应用的方法，它是根据已知的科学原理和科学事实，对未知的自然现象及其规律性所做出的一种假定性的说明。

科学假说具有两个显著的特点：第一，有一定的科学事实根据，它是建立在一定的实验材料和经验事实的基础上，并经过了一定的科学论证的，因而既与毫无事实根据的迷信、臆测不同也和缺乏科学论证的简单的猜测、幻想有区别。第二，有一定的推测的性质。它的基本思想和主要部分是根据已知的科学知识、科学事实推想出来的，它是否把握了客观真理，还有待于实践的证实，因而和确实可靠的理论不同。

例如上述的康德星云假说虽然运用已知的牛顿力学的科学理论，把太阳系的形成看作是一个统一的过程，较好地解释了太阳系的共面性（太阳、行星和卫星差不多处在一个平面上）和同向性（行星、卫星的公转和自转的方向基本相同）等观察事实，因而具有一定的科学性；但是，太阳、行星等是从一个统一的原始星云中演化出来的这一基本思想，却并未得到观测事实的证明，所以康德的星云说是一个推测性的解释。又如：李四光的假说，虽具有中国和亚洲等地大陆地壳的地质资料，以及通过珊瑚的年轮变化说明地球的自转速度在历史上的确有快慢的变化这些科学根据，但世界上还有许多地方的地质现象，特别是海洋地壳的科学事实尚未得到满意的说明，因而仍然是一种假定的解释。由此可见假说本身就是科学性和假定性的辩证统一。

假说的形成是一个十分复杂的过程。**一般说来需要经过三个阶段：**

第一，随着生产实践和科学实验的发展，出现了一些已知的科学原理所无法解释的新事实和新关系。

第二，依据已知的科学知识和不多的科学材料，通过一系列的思维过程，对这些新事实、新关系产生的原因和发展的规律性做出初步的假定。

第三，利用有关的理论和尽可能多的科学材料进行广泛的论证，使这个初步的假定发展为结构比较完整的科学假说。

例如大陆飘移假说的形成。人们发现非洲西部的海岸线和南美东部的海岸线彼此相吻合这一事实，当时的地质科学理论，如地球收缩说等，都不能解释。1910年德国地球物理学家魏格纳（A. L. Wegener）依据已知的力学原理和海岸形状、地质和古气候方面的有限数量的科学材料，提出了大陆不是固定的，而是可以飘移的初步假定。1915年出版了《大陆和海洋的起源》一书，利用地球物理学、地质学、古生物学、生物学、古气候学、大地测量学等学科的材料，对大陆飘移的初步假定进行了广泛的科学论证。他设想：在古代地球上只有一块陆地，称为泛大陆，在它的周围是一片广阔的海洋，后来由于天体的引力和地球自转所产生的离心力，使原始大陆分裂成若干块，这些块就像浮冰在水面上逐渐飘移、分开一样，美洲脱离了欧洲和非洲向西移动，越飘越远，在它们之间形成了大西洋。非洲有一半脱离了亚洲，在飘移过程中，它的南端沿顺时针方向略有扭动，渐渐与印巴次大陆分离，中间形成了印度洋。南极洲、澳大利亚则脱离了亚洲、非洲向南移动，而后又彼此分开，这就是现在的澳大利亚和南极洲。地球上的山脉也是大陆飘移的产物。如纵贯南北美洲大陆西岸的科迪勒拉和安第斯山脉，就是美洲大陆在向西飘移滑动过程中，受到太平洋玄武岩基底的阻挡由大陆的前缘褶皱形成的。这样，大陆飘移的初步假定就进一步形成了结构比较完整的科学假说。

假说作为一种科学研究方法，在自然科学的发展中起着巨大的作用。首先，假说使科学研究带有直觉性，假说是对未知的自然现象及其规律性的一种科学的推测，研究者可以根据这种推测确定自己的研究方向，进行有目的、有计划的观测和实验，避免盲目性和被动性，充分发挥主观能动性和理论思维的作用，因此也往往能够做出惊人的科学预见。其次，假说是建立和发展科学理论的桥梁。科学理论是对自然界客观规律的正确认识。但是由于受到各种条件的限制，人们不可能一下子达到对客观规律的真理性的认识，而往往要借助于假说这种研究方法，运用已知的科学原理和事实去探索未知的客观规律，不断地积累实验材料，增加假说中的科学性的内容，减少假定性的成分，逐步地建立起正确反映客观规律的科学理论。随着实践的发展，又会出现原先的理论所不能解释的新现象，这就需要提出新的假说，建立新的理论。**自然科学就沿着假说—理论—新的假说—新的理论，这个途径越来越丰富和发展。**因此，**恩格斯对假说做了极高的总结性的评价，**他说："只要自然科学在思维着，它的发展形式就是假说。一个新的事实被观察到了，它使得过去用来说明和它同类事实的方式不中用了。从这一瞬间起，就需要新的说明方式了——它最初仅仅以有限数量的事实和观察为基础。进一步的观察材料会使这些假说纯化，取消一些，修正一些，直到最后纯粹地构成定律。如果要等待构成定律的材料纯粹化起来，那么这就是在此以前要把运用思维的研究停下来，而定律也就永远不会出现"。

第二节　假说向理论的发展

科学假说形成之后，一方面因为它具有一定的科学根据，将对科学研究起指导的作用；另一方面，由于它毕竟是对客观规律的一种假定性的说明，尚未得到实践的证明，可能是正确的，也可能是错误的。因此，科学假说必须接受实践的检验，随着实践的发展而发展，逐步向确实可靠的理论转化。

假说的发展往往有以下几种情况：

第一，假说形成以后，与新发现的科学事实产生根本性质的矛盾，因而原有的假说被推翻，代之以新的假说。例如关于燃烧现象的本质，在17世纪末和18世纪初，德国的化学家柏策和施塔尔提出了燃素假说，认为一切与燃烧有关的化学变化都是物体吸收燃素与释放燃素的过程。锻烧金属，燃素从中逸去，变成锻渣；锻渣与木炭共燃时，又从木炭中吸取了燃素，所以金属又重生。物体中含燃素越多，燃烧起来就越旺。但是新的科学实践表明，金属锻烧以后，质量增加，这与原来的燃素假说是相互矛盾的，因为按照燃素说，金属锻烧的过程是释放燃素的过程，质量应该减轻才对。有的燃素论者为了解决这个矛盾，说什么燃素具有负的质量，这是没有任何科学根据的臆测，燃素假说开始走进死胡同。1774年法国化学家拉瓦锡用锡和铅做了著名的金属锻烧实验。他把精确称重过的锡和铅分别密封在曲颈瓶中，并称其总量。加热后，锡和铅虽已化成灰碴，但总质量却没有变化。在打开瓶子时，发现空气冲了进去，这样瓶子和瓶里东西的总质量就增加了。空气进入瓶内所增加的质量，与铅和锡锻烧后增加的质量相等。后来，拉瓦锡又用金属的锻渣做了许多试验，发现铅锻渣用焦炭还原时有大量“固定空气”释放出来，同时锻渣还原为金属铅。正是根据这些新的实验事实，拉瓦锡提出了燃烧是可燃物与氧气的化合作用这一新的假说代替了燃素说，从而使关于燃烧现象本质的假说发展到一个新的阶段。

第二，新的实验事实与原有的假说在基本原则上相一致，但在某些具体观点上产生了矛盾，这就需要对原有的假说进行某些修正。例如，波兰天文学家哥白尼在 1543 年发表了《天体运行论》，提出了太阳中心说，认为太阳位居中央，所有的行星都绕日运行，地球不是宇宙的中心，只是绕日转动的一颗普通的行星；火星、木星等在天空中有时顺行，有时逆行，有时好像停留不动，这是它们和地球的相对运动的反映。新的观测事实，与哥白尼日心说的这些基本点是一致的。但是，哥白尼认为太阳是宇宙的中心，行星围绕太阳旋转的轨道是圆形的观点，则是错误的。后来的天文观测表明，太阳只是一颗普通的恒星，除了太阳以外，还有无数的恒星，宇宙是无限的，没有中心。德国天文学家开普勒通过对行星的长期观测资料的研究，证明在太阳系中行星的轨道是椭圆形的，太阳位于椭圆的一个焦点上。哥白尼的日心说由于这些错误的东西得到修正而不断地向前发展。

第三，由于发现了前所未知的新事实，从而丰富和补充了原有的假说，甚至建立新的假说来发展原有的假说。例如上述的大陆飘移假说，在 20 世纪 50 年代由于古地磁的研究而得到了新的发展，我们可以根据古代岩石的剩余磁性测定当时地磁极的位置。从地球上同一地质时期形成的岩石中所测出的地磁极的位置应该是相同的。但是古地磁工作者分别在亚洲、美洲、欧洲的同一时期的岩石中所测得的地磁极的位置却显著不同，这就说明在古代岩石形成以后，各大陆曾发生了大规模的漂移。20 世纪 60 年代初一些地质工作者根据各大洋海岭两旁的地磁异常条带和磁场逆向带呈对称性分布等科学事实，提出了海底扩张假说，认为各大洋海岭是新地壳的诞生地，地壳以下熔融的岩浆沿着海岭中间的裂缝上升，凝固成新的地壳条带，新条带不断产生，把较老的条带向外推移，新的大洋地壳就不断产生，不断向外扩张，达到深海沟处又钻入地下，被地下的高温熔化成岩浆。海底扩张假说以海洋地壳生长和消亡的科学材料补充和发展了大陆飘移假说。20 世纪 60 年代末有些地质工作者又提出了板块构造假说，认为全球地壳是由六个大板块拚合而成，板块内部一般比较稳定，在板块交界的地方，则是地壳比较活动的地带，这里常有地震、火山、断裂、褶皱、地壳俯冲等。板块构造假说以板块的水平移动解释地壳的运动发展规律，把大陆飘移说提高到一个新的阶段。

在科学假说发展的过程中，应该充分重视在不同假说间进行争论的作用。客观事物是极其复杂的，有时几种不同的假说同时并存，互相争论，从各个不同的部分，不同的侧面探索事物的客观规律性，可以互相启发、互相补充、切磋琢磨、集思广益，更全面，更深刻地揭示事物的本质。例如，在 17 世纪对于光的本性的认识有微粒说和波动说两种对立的假说。牛顿根据光的折射、反射和色散等实验事实，提出了粒子说，认为光是由发光体发出的沿直线运动的粒子流。同时期荷兰物理学家惠更斯从光和声这两类现象的类比，提出了波动说，认为光是一种弹性振动，是以发光体为中心向四面传播的光波。这两种假说各自解释了光的某一方面的本性，却又都具有片面性。它们的争论开阔了人们的眼界，活跃了思路。到 19 世纪 70 年代英国物理学家麦克斯韦提出了光是一种电磁波，深化了对光本性的认识。20 世纪初，爱因斯坦提出了光量子的概念，在微观水平上说明了光既是粒子又是波，这比以往的粒子说、波动说，更深刻地反映了光的内在本质。

对于被科学实践证明是错误的假说，我们也要进行历史的、辩证的分析，给予恰如其分的评价。在某个领域科学发展的早期阶段，产生一些错误的假说往往是难免的。虽然它们的基本观念是错误的，却包含着或多或少的合理内核，因而不仅在历史发展的一定阶段和一定范围内，能够解释一些现象，能够对一些现象和实验结果进行整理，乃至在一定程度上对科学实验、生产实践提供有益的指导，而且能够为以后的新假说的形成和新理论的创立提供科学材料和某些局部的正确原理、方法、公式、定律等。例如，古代亚里士多德、托勒玫根据日月星辰每天东升西落的直观感觉材料，提出了地心假说，这在人类对太阳系结构认识的幼稚阶段是不可避免的。在这个假说中，地球是太阳系的中心这个基本观念是错误的；但是在几百年中，在这个假说的指导下对日月星辰的运行进行了大量观测、计算和材料的整理，这就一方面为当时编制了历法，基本上能满足古代水平低下的生产实践的需要，同时又为而后哥白尼建立日心假说积累了大量材料；另外亚里士多德和托勒玫所提出的地球是球形的观点也为哥白尼的日心说所继承。又如燃素说和热素说，虽然实践证明燃素和热素这种观念是错误的，但是它们在化学、物理学发展的幼稚阶段，积累了大量的实验材料，发现了一些定律，为氧化燃烧学说和热之唯动说的产生准备了条件。

在自然科学历史的一定阶段上起过积极作用的错误假说，当科学实践的发展有可能揭示其错误并建立新的、正确的学说的时候，这种错误假说就成为阻碍科学前进的保守势力了。“正确的东西总是在同错误的东西做斗争的过程中发展起来的”。这时就必须在新的科学实践的基础上，批判和推翻错误的假说，建立新的、正确的学说和理论，推动科学的发展。

人类在认识自然界的未知领域的时候运用假说这种研究方法的根本目的，就是为了建立科学理论，达到对自然现象及其规律的正确认识。但是，**怎样才能判别假说已经转化为科学理论呢？这就有赖于人类的社会实践。**实践不仅是假说形成和发展的源泉和动力，而且是检验假说真理性的唯一标准。

首先，科学假说运用于科学实践时，有越来越多的事实和这个假说的内容相符合，并且没有任何已知的事实与之矛盾，证明这个假说是事物客观规律的正确反映，那么，就可以认为假说已经转化为科学的理论。例如，19 世纪初，生物进化论刚提出的时候，还不过是一个假说，后来在新的科学实践中，发现了越来越多的物种之间的过渡性的类型，如介于无脊椎动物到脊椎动物之间的文昌鱼，处于爬虫类到鸟类之间的始祖鸟等等，使生物进化的许多环节在实际上得到验证，这时候，生物进化的假说就转化为科学的理论。又如牛顿的万有引力定律在刚提出时，也只是一个假说。17 世纪末，牛顿在运用这个定律解释秒摆长度在赤道比在巴黎要短些的现象时，认为这是由于赤道处的引力比两极附近小的缘故，因而提出地球是一个两极较平、赤道凸出的扁球体，并计算出地球的扁率为 1/230。后来精密测量的结果与牛顿的理论计算结果比较接近。18 世纪初，哈雷根据万有引力定律推算出一颗彗星的轨道，并预测它以约 76 年的周期绕太阳运转，后来被观测所确证。1798 年英国物理学家卡文迪许采用扭秤法较精确地测定了引力常数的值，从地面上的实验中直接证实了万有引力定律。正因为在实践中得到了圆满的成功，没有发现任何矛盾，所以牛顿的万有引力定律就从假说转化为科学的理论。由上述的例子可以看出，像达尔文的进化论、牛顿力学这些比较深刻地反映客观自然规律的理论，都是需要经过长期的、反复的实践检验，才由假说转化而来。

其次，由假说做出的科学预见得到实际的证实，使假说转化为科学的理论。如门捷列夫在 1869 年提出了元素周期表的假说，并且根据这个假说预言了当时尚未发现的镓、钪、锗等新元素及其性质，后来的科学实践果然发现了这些元素，元素周期表就由假说转化为科学的理论。又如：按照哥白尼的日心假说，发现天王星的轨道，理论上计算的数值和实际观测值不符合，超出了允许的误差范围，因而预言在天王星之外有一颗未知的星体存在，不久果然发现了这颗星体，即海王星，使哥白尼的日心假说转变为科学的理论。

另外，在自然科学中还往往用“判决性实验”来检验假说的真理性。**所谓“判决性实验”就是能决定两个对立的假说对错的实验。**例如：到 20 世纪 40 年代初，关于有机体中的哪种成分是遗传的物质基础，有两种不同的假说。一种认为，蛋白质具有高度的特异性，因而主张蛋白质是遗传的物质基础；另一种认为，在每一个物种中核酸的含量及其组成十分稳定，因此主张核酸是遗传的物质基础。1944 年，艾弗里（O. Avery）及其合作者从光滑型肺炎球菌里分离出纯的脱氧核糖核酸，把它加给粗糙型肺炎球菌，使粗糙型转变为光滑型。但是从光滑型分离出的纯的蛋白质加给粗糙型，却不能使粗糙型转变为光滑型，从而用实验确定了遗传的物质基础是核酸，而不是蛋白质。

通过实践检验，假说转化为科学的理论，变成确实可靠的知识。但是这种理论仍然是一种相对真理，是对客观自然界的近似反映。因此，我们绝不能把理论绝对化，而是要随着实践的发展，不断提出新的假说，建立新的理论，逐渐地扩展和深化对自然界客观规律的认识。

第三节 科学理论的基本特征及其发展

在实践的推动下，假说逐步转化为科学理论。作为在一定历史条件下相对完成的东西，科学理论具有某些基本特点，如客观真理性、全面性、系统性、逻辑性等。

客观真理性，说的是一个科学理论所反映的必须是不以人的主观意志为转移的客观事物的规律。**作为一个科学理论，必须做到：**建立这种理论所凭借的经验材料是真实的，经过实践检验的，是能够重复的，根据这些经验材料，提出的假说中的假定性的规定，必须进一步获得实践证明；根据这种理论所做出的预见必须在实践中得到证实。总之，一种科学理论必须包含必要而又充分的实践证明，并且贯穿于理论的始终。

全面性，说的是一个科学理论必须努力做到完全地反映客观事物。列宁写道："要真正地认识事物，就必须把握、研究它的一切方面、一切联系和'中介'。我们绝不会完全地做到这一点，但是，全面性的要求可以使我们防止错误和防止僵化"。一个科学理论必须从普遍的现实出发，从事物的全部总和出发，对大量的有关现象进行概括才能形成。反过来，从大量的现象中抽象出来的理论必须能够说明有关的全部现象，包括假象。

自然界里事物往往是相当复杂的，它的各个部分相互作用，组成完整的统一体。反映自然界客观事物的科学理论也应该如此，它**必须具有系统性**，就是说，它的各个规定，不是彼此隔离的，不是简单的堆砌，而是按客观事物矛盾的实际联系和转化关系，组成一个有着内在联系的知识体系。

一个科学理论还必须有适当的表达方式把它的观点和思想准确地表达出来。它必须具有明确的概念，恰当的判断、正确的推理以及严密的逻辑证明，就是说要合乎逻辑，**具有逻辑性。**

和世界上的任何事物一样，科学理论也具有它固有的内在矛盾。一方面，根据全面性的要求，一个科学理论必须能解释和说明有关事物的全部现象。另一方面，也正如列宁所指出的。"人不能完全把握、反映和描绘全部自然界的'直接的整体'，人在创立抽象、概念、规律、科学的世界图画等时，只能永远地接近于这一点"。任何理论，只能是相对完成的体系。这就是矛盾。这就决定任何一个科学理论必然地在实践的推动下不断向前发展，它不可能是凝固不变的。

科学理论的发展同样表现为两种状态：量变和质变。当实践中出现的新现象，暴露出原有理论不够完善的地方，就需要对原有理论做局部的修正，使之不断丰富、充实、深化，推动它向前发展。当原有理论在发展了的实践面前无能为力，暴露出带有根本性的破绽，新的理论就会适应实践的需要应运而生。实践就是这样推动着理论向前发展，不断新陈代谢。

从理论与实践的关系来看，一个新的理论必须满足以下三个条件才能成立。

第一，新理论一定要能够说明旧理论已经说明的自然现象。

第二，新理论一定要能够说明旧理论所不能说明的新现象。

第三，新理论要能够预见现在还没有观察到，但通过科学实践一定能够观察到的自然现象。

一个新理论要能够成立，首先必须能够说明旧理论已经说明的自然现象。这是因为，旧理论对当时观察到的自然现象的说明是经过一定的实践检验的，新理论如果不能说明旧理论已经说明的现象，可以肯定这个理论在实践中是通不过的。新理论的出现是为了解决旧理论与实践的矛盾，所以新理论又必须说明旧理论所不能说明的新现象，才能经得起实践的检验。真正的科学理论必须有预见。一个新理论预见到的现象越多，它的意义就越大。

新理论不但要从实践中来，更重要的是回到实践中去，在实践中实现它所提出的预见，从而证明理论的客观真理性。

例如，经典力学能说明低速宏观领域的物理现象，但是随着物理学的发展，人们揭示了许多高速微观领域的物理现象，经典力学就不能给予科学的说明。为了说明高速运动的现象，产生了相对论力学。相对论力学把经典力学作为对物体低速运动规律的说明包括了进去，同时又提出了经典力学所不能说明的对物体高速运动规律的说明。另外，从相对论力学又推导出质量和能量联系公式。基于这个公式提出的预见成了原子能利用的理论根据。

由于人类的实践在一定的历史时期总是具有局限性，人们在每一时代对自然的认识只能达到一定的深度。改进了生产工具和实验手段再实践，认识又深入了一步。每一时代对自然规律的认识是相对真理。实践作为真理的标准，也是这样的“不确定”：经典力学，在 17 世纪末经过实践的检验判定其为真理；但到了 19 世纪末和 20 世纪初先后用光速运动和原子结构的实验来检验就发生了问题，于是分别产生了相对论力学和量子力学。但是，实践作为真理的标准又是这样的“确定”：在每一个历史阶段上，只有实践是判定真理与谬误的唯一权威。凡是经过实践检验的自然科学理论，总有某些即使在将来也推翻不了的成分，保留在人类认识的长河中。经典力学并没有被抛弃，只是重新确定了它作为真理的界限，作为有条件的东西，又保留在相对论力学和量子力学之中。具体地说，经典力学所描写的规律，作为低速运动和物体质量较大的情况下的特例，包含在相对论力学和量子力学中。高速与低速，宏观与微观两种运动规律具有相互对应的关系。欧几里得几何学也是如此，非欧几里得几何建立以后，它也没有被抛弃，只是确定了在一定范围内，即在空间曲率等于零的情况下，它才是真理。而当人们考察具有正曲率或负曲率的空间时，就要采用罗巴切夫斯基几何或者黎曼几何。关于这个关系，“若用一个比喻，我们可以说建立一种新理论不是像毁掉一个旧的仓库，在那里建立起一个摩天大楼。它倒是像在爬山一样，越是往上爬越能得到新的更宽广的视野，并且越能显示出我们的出发点与其周围广大地域之间的出乎意外的联系。但是我们出发的地点还是在那里，还是可以看得见，不过显现得更小了，只成为我们克服种种阻碍后爬上山巅所得到的广大视野中的一个极小的部分而已。”

自然科学的各个部门按照它们所研究的物质运动形式的特殊性而划分为不同的学科；各个学科又以物质运动的各个层次为研究对象，形成了按不同层次划分的科学体系。随着自然科学的不断发展，各个学科之间和各个层次之间，一方面分化越来越细，一方面又在高度分化的基础上日益走向综合，走向整体化。这种不同学科、不同层次之间的相互作用、相互渗透也有力地推动着自然科学理论向前发展。

当我们从不同层次考察自然界的客观事物时，上一个层次是研究下一个层次的向导，下一层次的研究成果是上一层次研究的基础。20 世纪初，自然科学的研究从宏观领域进到微观领域，是认识自然的一个巨大飞跃，它有力地推动着理论的发展。现在，一方面向物质的更深层次进军，一方面又在微观层次的基础上再去研究宏观，后者也是认识自然的又一个飞跃，同样有力地推动着理论的发展。凝聚态物理学就是研究物质的微观结构、微观运动和物质的宏观物理性质的相互关系的学科。正由于它将宏观研究和微观研究结合起来，成为相当活跃的科学领域，不断发现新应用、产生新概念、开辟新方向。

例如，20 世纪 30 年代，运用量子力学理论研究固体中电子运动过程，建立了半导体能带模型理论，根据能带论的基本思想提出了在半导体单晶内制成 P-N 结的可能性，从而导致晶体管的发明，电子技术由此跨入一个新时期。20 世纪 50 年代提出了超导微观理论，把超导理论大大推进了一步，从而在 20 世纪 60 年代初发现了超导隧道效应，增进了人们对宏观量子体系的认识，也得到了重要的应用。量子化学是研究物质的微观结构、微观运动和物质的宏观化学性质相互关系的学科。它的发展深刻地影响着化学各个分支的面貌。1927 年，开始用反映微观运动的薛定谔方程来研究氢分子，建立起崭新的化学键理论。20 世纪 30 年代初，进一步研究多原子分子的特点，建立了两种化学键理论——分子轨道理论和价键理论。1965 年出现了分子轨道对称性守恒原理，使量子化学进入研究化学反应的新阶段。量子化学的发展使化学开始从一门经验科学逐渐向系统的理论科学过渡。正如恩格斯早就指出的：“在分子科学和原子科学的接触点上，双方都宣称与己无关，但是恰恰就在这一点上可望取得最大的成果。”

物质运动不同层次之间的研究相互渗透，各门学科之间也有着复杂的相互作用、相互渗透，两者是密切相关的。例如，现代生物学的研究也活跃于分子、细胞、组织……各个层次之间。而集中在分子这个层次上，生物学和化学相互渗透，成为这两大基础学科相互联结的关节点。几十年以来，DNA 作为遗传物质基础的实验证明、DNA 双螺旋结构模型的确定、遗传密码的认证、蛋白质变构现象的研究、代谢调节机理的发现以及蛋白质、核酸的人工合成的进展等等一系列成就，大大推进了人们对生命本质的认识，使生物学逐步地成为一门精密的科学，也为化学开拓了一个新的非常广阔的领域。

人类对自然界的认识．总是在实践的基础上，不断地向前发展，这个过程是永远也不会停止的。列宁指出，“辩证唯物主义坚决认为，日益发展的人类科学在认识自然界上的这一切里程碑都具有暂时的、相对的、近似的性质。”一种经过实践检验的理论，总是在一定范围内反映了事物的客观真理，然而它又总是相对完成的东西。在实践的推动下，要不断地重新做理论的概括工作，即重新从现象的总和（包括新的现象）中抽取逻辑的出发点，并借助综合把具体在思维中复制出来。

同时，我们又必须看到，新理论的出现不是无条件的而是有条件的，只有出现了旧理论无法解释的新现象，新理论才会产生。如果离开了实践，手中没有原有理论所不能解释的新事实，又不对原有理论与建立起来的实践事实进行深入分析，凭空地要推翻一个经过实践检验的理论，其结果只能是走向谬误。这不仅是向一种理论挑战，而是向检验了这种理论的实践挑战，实践就要宣判这种挑战是十分荒谬的。

第四节　逻辑的和历史的统一

任何一种科学的理论都表现为一种系统的逻辑体系。这种逻辑体系和历史过程（研究对象的历史发展过程和人们认识它的历史发展过程）是一种什么关系呢？研究这个问题对于正确地表述科学理论具有重要的方法论意义。

一个科学领域里，比较成熟的系统化的逻辑体系通常都是按下面的方式构成的：首先叙述那些涉及该科学领域的逻辑出发点的某些十分抽象的规定，如基本概念、基本原理；然后，这些规定在整个叙述过程中不断深化、发展和丰富，同时又以越来越具体的内容加以充实，直到这一研究对象得到完整的科学的说明为止。一种系统化的逻辑体系，事实上都是按照从低级到高级、从简单到复杂，从抽象的规定上升到思维中的具体的方式陈述的。从抽象上升到具体是辩证的思维方法也是辩证的叙述方法。

这种从抽象上升到具体的叙述过程，不是别的东西，它正是历史过程在理想的或者纯粹的形式上的反映。在不同的学科里存在着两种不同的情况。

一种情况是：某些学科逻辑的叙述过程是研究对象本身历史过程的反映。

例如，普通化学在阐述自己的研究对象时都是从化学元素开始的，然后才转入元素的化合物。而在阐述化学元素时，普通化学遵循的又是门捷列夫的元素周期表。元素周期表本身是从最简单的氢元素开始的。氢元素列在周期表的第一位，它的原子是由一个质子和一个电子两部分构成的。而元素周期表的末尾则是最复杂的 oganesson 鿫元素。

从肖莱马开始，有机化学首先叙述的是最简单的有机化合物——碳氢化合物。而在碳氢化合物中又是从最简单的脂肪族化合物开始的。然后再经过一些特殊的有机化学反应，使碳氢化合物转化为它的衍生物。这种转化也是由一系列环节构成的过程，即从最简单、最低级的衍生物向越来越复杂、越来越高级的衍生物，直至向生物大分子转化的过程。而生物大分子则超出了化学本身的发展过程，从而使该过程进入了产生生命现象的领域。

在生物学中，系统地叙述动植物界也是如此。它是从最简单的单细胞生物开始的，然后从这些最简单的有机体开始持续不断地向越来越复杂的有机体发展，一直到从最高等的灵长类动物转变成人。由于人的出现，生物的进化也就越出了自然界自身的范围而进入了社会历史的领域。

上述这些体系正是相应的研究对象的实际发展过程的反映。我们知道，门捷列夫元素周期表的伟大意义正在于揭示了元素之间量转化为质的发展过程，在 19 世纪，人们就把门捷列夫周期表称为“无机界的达尔文主义”。有机化学的逻辑过程，同地球早期发展历史上由简单有机物到生物大分子的化学进化过程，总的趋向是一致的。毫无疑问，生物进化过程是从单细胞生物开始一方面进化到复杂的植物，一方面进化到人的历史发展过程。

当然，我们说逻辑的过程是历史的过程的反映，逻辑的和历史的是统一的，这种统一不是机械的统一，而是在总的发展趋势上的大体一致。逻辑的东西不是对历史的机械的反映，而是对其本质的规律性的反映，它撇开了历史行程中迂回曲折的细节，以及大量次要的、偶然的因素，而在纯粹的形态上把握住事物发展的内在必然性。正如恩格斯所说：“历史从哪里开始，思想进程也应当从哪里开始，而思想进程的进一步发展不过是历史过程在抽象的、理论上前后一贯的形式上的反映；这种反映是经过修正的，然而是按照现实的历史过程本身的规律修正的，这时，每一个要素可以在它完全成熟而具有典范形式的发展点上加以考察”。

另外一种情况是：还有一些学科，其叙述方法同样也是采用从抽象上升到具体的方法，然而这种逻辑过程所反映的已经不是自然界已经发生或者正在发生的客观过程，而是人们认识的历史发展过程。这种逻辑的与认识历史的统一同样不是机械的统一，逻辑过程是认识过程的概括和理想化。

例如，经典力学是以研究物体平衡条件的静力学部分开始叙述，然后发展到运动学，最后叙述动力学。这个逻辑体系大体上是经典力学发展史的缩影。早在古希腊亚历山大里亚时代，阿基米德从杠杆的多种形式中，概括出杠杆的一般原理，标志着静力学已经成为一门科学。16 世纪伽利略进行了斜面实验的研究，以后又提出惯性定律（力学第一定律），从而开创了运动学（也包含着动力学的萌芽）。17 世纪牛顿提出了作用在物体上的力和物体的加速度成正比的普遍运动规律（力学第二定律），奠定了动力学的基础。

又如以热力学第一定律、第二定律、第三定律等基本定律所构成的热力学体系，概括地反映了热力学发展史。1807 年，提出了能量的概念，19 世纪 40 年代发现的热力学第一定律解决了热机所提供的机械能和所用掉的热能的关系，并且把各种形态的能量用当量关系联系起来了。1850 年发现了热力学第二定律，即关于热的过程进行方向的规律。为了进一步探求热的本质，人们对热的认识从宏观进入微观，导致了统计物理学的建立。1906 年发现的热力学第三定律即绝对零度不能达到的原理。由热力学的几个基本定律所构成的热力学体系，依次反映了人类对热运动本质逐步深化的历史过程。

人类的认识过程归根结底还是沿着由简单到复杂、由低级到高级的方向发展。沿着这条线索，同样可以按内在的逻辑必然性，如此精确地从一个结论得出另一个结论，直到得出最终的结论和论断为止。关于这种逻辑过程和认识发展过程相统一的情况，恩格斯曾说过："在思维的历史中，某些概念或概念关系（肯定和否定，原因和结果，实体和变体）的发展和它在个别辩证论者头脑中的发展关系，正如某一有机体在古生物学中的发展和它在胚胎学中（或者不如说在历史中和个别胚胎中）的发展关系一样。这就是黑格尔首先发现的关于概念的见解"。在这里逻辑的过程正是认识史以简化形式的重现。

逻辑的过程是按照研究对象本身的历史发展的线索进行还是按照人们对它的认识历史发展线索来进行，在某些学科并不是十分固定，往往是可以转化的。例如遗传学，长期以来是以孟德尔的遗传规律开始，进而论述连锁交换规律和染色体理论，最后论述分子遗传学，这个逻辑体系和遗传学发展的历史是大体一致的。近年来有些遗传学教程从遗传的物质基础——核酸的结构与功能开始，进而论述比较低级的原核细胞生物（病毒、细胞）的遗传规律，再论述比较高级的真核细胞生物的遗传规律。这种逻辑体系基本上和自然界遗传方式进化的过程相一致。

研究逻辑的和历史的统一，对自然科学的学习和研究有着重要的意义。辩证唯物主义认识论主张的"主观和客观、理论和实践、知和行的具体的历史的统一"就是逻辑的和历史的辩证统一。逻辑的东西是人们头脑中的产物，然而却不是纯粹思辨的产物。一个科学理论所包含的概念、原理是客观事物的反映，它的逻辑系统同样是客观历史发展过程的反映。我们只有遵循历史的线索才能建立起有内在联系的逻辑系统，这种联系归根到底是研究对象实际的转化关系或者是人们认识过程中概念的实际转化关系。同样，我们只有遵循历史的线索才能更好地理解和把握一种相对成熟的科学理论的逻辑系统。一个科学技术工作者必须具有必要的关于科学技术历史发展的知识。而对我们从事的具体研究课题，则必须对它做系统的历史的考察。爱因斯坦写道："根据原始论文来追踪理论的形成过程却始终具有一种特殊的魅力，而且这样一种研究通过许多同时代人的工作对已完成的题目做出一条流畅系统的叙述来，往往对于实质提供一种更深刻的理解"。

在自然科学的教学中运用逻辑和历史统一的方法有利于缩短学生的认识过程和提高教学质量。学生的学习过程和人类认识的历史过程的关系就是逻辑的过程和历史的过程间的关系。人类认识的历史过程是不断向尚未发现的客观真理进行探索的过程。这个过程充满着错综复杂的各种偶然的因素，是一条曲折漫长的道路。教学的作用就是尽量排除人类认识历史上那些偶然性的弯路，在最短的时间内，按照自然科学的逻辑体系，循序渐进地掌握前人经过漫长岁月才能积累下来的知识。因此，系统的理论教学对于学生来说是十分重要的。同时，又必须看到叙述的方法和研究的方法既有联系又有差别。在系统的理论教学中，历史上所经历的曲折的道路，已经被扬弃掉了，恰恰在这里又包含着丰富的经验教训。所以单单只有系统的理论教学，学生还不可能完全理解人们是如何一步步探索科学规律的，必须在系统理论教学的基础上学习一些科学史，并进行科学研究的训练，才能比较全面地把握自然科学的研究方法获得分析问题和解决问题的能力。

第五节　关于创造性思维

在构思实验、建立模型、提出假说、创造理论、发明技术等开创性、探索性的研究工作中，人们必须在实践的基础上，充分发挥认识的能动作用，经过充足的理论研究，才能真正的有所突破。对于这种探索未知的创造性思维过程来说，仅仅继承前人的研究成果是不够的，也不是靠机械的运算和推导所能奏效的。它常常要经历一个相当曲折的道路，在多次失败以后才能找到走向成功的蹊径。在这里，不存在一种可以供人刻板地加以套用的公式，需要创造性地，灵活地使用多种方法才能达到目的。

在研究工作中，创造精神、创造能力是十分可贵的，它充分体现了人的认识的能动作用。但是，如果不懂得认识的辩证性质，不能对认识的能动作用做出科学的说明，很容易把创造性思维看成是神秘莫测的东西；唯心论则离开了实践，片面夸大认识的能动作用，把创造性思维说成是纯粹的思辩，把假说、理论等等看成是人类精神的纯粹的"自由创造物和想象物"。

在这一节里，就创造性思维的几个问题，做一些初步的探讨。

一、创造性思维和逻辑方法的关系

人们关于思维及其规律的研究，分属两个领域，即形式逻辑和辩证法。形式逻辑和辩证法所揭示的各种思维规律和方法，在创造性思维中占有何种地位，起着哪些作用呢？

形式逻辑是研究初级的思维规律、思维的结构形式和一些初级思维方法的科学。形式逻辑是正确思维的辅助工具。它能帮助我们从逻辑结构上做到概念明确、判断恰当、推理合乎逻辑。它也具有某种探索新知识的作用。形式逻辑所研究的各种逻辑方法作为组成因素被包含在创造性思维之中。譬如，人们在探求事物的本质时，常常在类比中得到启发，在比较中抓住事物互相联结的链条，通过归纳寻求到解决问题的线索或者通过演绎发现了未曾认识的关系等。但是，形式逻辑是一种静态的逻辑，它不是从思维的运动发展的角度来研究认识过程的，它没有揭示思维的辩证发展规律、没有揭示人的认识从未知到已知的运动规律，因此，形式逻辑对于创造性思维虽有一定的作用，但却是远远不够的。

将辩证法应用于研究思维运动，科学地揭示了实践和认识、感性和理性、分析和综合、归纳和演绎、具体和抽象、历史的和逻辑的、相对真理和绝对真理等矛盾运动的规律，揭示了思维运动发展的辩证规律。这些有关思维运动发展的辩证规律构成了另一种性质的逻辑——辩证逻辑。唯物辩证法科学地回答了创造性思维中的一些根本问题，如认识的源泉问题、检验真理的标准问题、感性认识向理性认识的能动的飞跃和理性认识向实践的能动的飞跃问题、真理的发展问题等。唯物辩证法是正确科学研究的根本方法。“辩证法对今天的自然科学来说是最重要的思维形式，因为只有它才能为自然界中所发生的发展过程，为自然界中的普遍联系，为从一个研究领域到另一个研究领域提供类比，并从而提供说明方法”。在探索性研究工作中，沿着唯物辩证法指引的方向前进，才能找到真理，否则就不可避免地陷入理论思维的纷扰和混乱之中。

然而，正如马列主义经典作家谆谆教导的那样，唯物辩证法不是教条而是行动的指南。我们绝不可以把唯物辩证法当作现成的公式，去剪裁从实践中所获得的经验材料。对于创造性思维来说，不存在一种凝固不变的逻辑通道可以使人们按图索骥地寻找到真理。我们应该完整地、准确地学习和领会唯物辩证法的精神实质，在唯物辩证法一般原理的指导下，详细地占有材料，创造性地采用与之相适应的方法，加以科学地分析和综合的研究，从中引出其固有的规律，这才是科学的态度。

二、关于想象

理论研究的任务在于对事物的现象，从其内部联系做出科学的说明。要揭示事物的本质，人们不仅要把握那些能被直接感知的经验材料，更重要的是透过这些经验材料把握住那些不能为人们直接感知的事物的隐蔽的基础，去设想、构思其内部过程相互联系相互作用的图景。也就是要借助于想象去探求事物运动的内部机理。恩格斯曾经将微分这样抽象的概念称之为“想象的数量。”

在科学研究中，想象，决不如某些人所说的那样，犹如脱缰的野马，可以任意地驰骋，没有方向，不可驾驭的。

想象，作为一种思维活动，它是以实践为基础，为实践所制约的。巴甫洛夫说：**“无论鸟翼是多么完美，但如果不凭借空气，它是永远不会飞翔高空的。事实就是科学家的空气。你们如果不凭藉事实，就永远也不能飞腾起来”。**爱因斯坦是一位具有丰富想象力的科学家。他创立相对论时的那一系列著名的理想实验就是富有独创的想象的很好例子。他针对某些人把相对论看成是纯粹思辨产物的错误说法，强调指出：“我急于要请大家注意到这样的事实：这理论并不是起源于思辨；它的创造完全由于想要使物理理论尽可能适应于观察到的事实”。

想象力和一个人是否具有广博的知识有着密切的关系。一个独创性的设想常常在于发现两个或两个以上研究对象或设想之间的联系或相似之点，而原来以为这些对象或设想彼此没有关系。我们知识的宝藏越丰富，产生重要设想的可能性就越大。一个有意义的独创性的设想也往往是对原有理论的某种程度的突破，很容易被原先盛行理论的逻辑演绎所否定。因此，必须坚持实事求是的态度，始终保持清醒的批判的头脑，敢于从实际出发去想象那种为原有理论所不能包容的东西。否则，想象力就会受到遏制。

在我们头脑里产生的各种设想是否符合实际情况还需要接受实践的检验。由于抓住一些虚假的线索而提出的设想，一旦被证明与事实不符，就要毫不犹豫地放弃它。想象要注意倾听实践的呼声，不断修正和调整自已的方向。由此可见，想象和想象力不是什么不可捉摸的东西。尊重实践，占有大量材料，具有广博的知识又善于从事物的普遍联系、事物的运动和发展中考察事物，我们就会有一个想象和创造的广阔天地。

想象是创造性思维的可贵的品质。在科学研究中，并不是在经验材料十分完备以后，人们才开始构思其内部机理的图景。当科学研究的问题明确以后，人们就开始根据已经收集到的资料和线索进行想象了。在整个研究过程中，不断提出一个一个设想，又一次次在实践中予以无情的审判。开始时可能是朦胧的构想，以后变成越来越清晰的图景。在科学研究中，想象和幻想始终激励着人们去探求事物的底蕴。列宁说：“有人认为，只有诗人才需要幻想，这是没有理由的，这是愚蠢的偏见！甚至在数学上也是需要幻想的，甚至没有它就不可能发明微积分”。

此外，人们在进行想象时，常常把设想具体化，在脑海中构成形象，从而更易于理解和把握，并进一步激发想象。例如，凯库勒正是提出了一个苯的环状结构图形，成为有机化学的一个重大理论突破。这说明，在自然科学中人们主要使用抽象思维去探求事物的本质，然而这并不意味着不需要形象化构思。在探索未知的过程中，抽象思维常常需要形象化构思作为补充。

三、关于“直觉”“灵感”

人们的认识从现象到本质，不是直线式的，一次完成的，往往需要经过曲折的过程。这里，既有长时期的准备和积累，又有短时间的攻关和突破；既有经久的沉思，又有一时的顿悟。这种一下子使问题得到澄清的顿悟，开始还没有得到严格的逻辑的证明，人们称之为“直觉”，这种“直觉”的产生就是所谓“灵感”。

辩证唯物主义并不否认这种被称为“直觉”“灵感”的东西。作为一种思维运动中的飞跃，它是由思维运动本身的辩证性质所决定的。我们需要认真研究这种飞跃是如何产生的，给这些现象以唯物主义的科学的说明，反对把它神秘化。

在自然科学的历史上有许多关于偶然因素成为直觉的动力的传说。例如，相传在古希腊时代，亥洛王请人制造了一顶金冠，他怀疑制造者在里面掺了假，请求阿基米德鉴定。阿基米德正在苦思这个问题的时候，碰巧有一次到浴室去洗澡。他突然察觉到当自己的身体进入澡盆后，使一些水溢出盆外，而自己身体也变轻。他由此得到启发，找到鉴定金冠的方法，并通过实验得出了关于浮力的原理。在这一类传说中，一些偶然因素对直觉的激发，速度之快和作用之突然，看起来就像闪光一样。科学史上的这一类轶闻，不都是可靠的，但也并不全是虚构的。我们不否认类似的偶然事件的可能性。问题在于，直觉的产生并不是无中生有的。仔细分析这些偶然事件就可以看到，直觉的产生是有条件的。这些条件是要有一个待解决的问题，具备了解决这个问题的客观因素，研究者顽强地探求问题的答案，并且已经经历了一段紧张的思考。偶然事件则是在此基础上起了触媒的作用，使人们在探索中产生了新的联想，打开了一条新的思路，导致了问题的解决。**直觉正是以凝缩的形式包含了以往社会的和个人的认识发展的成果。归根到底，它是实践的产物，是持久探索的成果。**否则，就没有什么直觉和灵感可言。在亥洛王的头脑里不可能产生阿基米德的灵感，因为他虽然提出了一个实际问题，但是他没有像阿基米德那样深入地研究，顽强地寻求问题的答案。牛顿是一位富有创造精神的科学家，然而在他的头脑里不可能产生创立相对论的灵感，因为他没有接触到有关物体高速运动规律的问题。

直觉的产生有时并不是在人们紧张工作的时候，而常常是在紧张的思考之余稍事休息的时候，在翌晨醒来，甚至在梦睡之中。这也容易给人以假象，似乎直觉的产生和自觉的思考无关而显得颇为神秘。其实，这并不奇怪。我们思考一个问题总是要采取一条具体的思路。然而，选择一条正确的思路却是不容易的，也不是一次能够做到的。当人们沿着一条不利的思路探索时，没有完全陷入绝境是不会轻易放弃的。所以，在研究工作中，人们往往被不利的思路所束缚和折磨。在紧张思考以致精疲力竭之后，暂时把问题搁置起来，常常比较容易突破这种束缚，产生新的联想，从而找到另一条解决问题的道路。由此看来，直觉仍然是自觉思考的继续。

直觉是实践的产物、脑力劳动的成果，我们要珍惜它，并善于捕捉它。对于头脑中出现的直觉必须进行进一步的逻辑加工，获得严格地逻辑证明，并在实践中经受检验，发展成完备的理论。

一个科学工作者，怎样才能富有创造精神和创造能力呢？一些伟大的科学家在回顾他们走过的道路时，常常使用他们自己的语言告诉我们，要做到这一点必须有唯物主义的态度，批判的革新的精神、广阔的视野以及顽强的毅力。他们的经验之谈是符合辩证唯物主义的原理的，对我们也是很有启发的。

关于唯物主义态度。达尔文写道："我从很小的时候起，就有一种最强烈的要求去理解或解说我所观察到的事物……我曾经坚定地努力保持我的思想的自由，以便一旦事实被证明同这些假说不符合时，就丢掉我无论多么爱好的假说（而我不能反对对每一个问题建立一种假说）"。赫胥黎写道："我要做的是教我的愿望符合事实，而不是试图让事实与我的愿望调和。你们要像一个小学生那样坐在事实面前，准备放弃一切先入之见，恭恭敬敬地照着大自然指的路走，否则，就将一无所得"。

关于批判的革新精神。爱因斯坦认为，怀疑的批判的精神，对科学的发展是很重要的。他写道："像目前这个时候，经验迫使我们去寻求更新、更可靠的基础，物理学家就不可以简单地放弃对理论基础做批判性的思考"。因此，他不迷信权威，他肯定牛顿又不停留在牛顿的水平上。他说得十分恳切："牛顿呀！请原谅我：你所发现的道路，在你那个时代，是一位具有最高思维能力和创造能力的人所能发现的唯一道路，你所创造的概念，甚至至今仍然指导着我们的物理学思想，虽然我们现在知道，如果更深入地理解各种联系，那就必须用另外一些离直接经验领域较远的概念来代替这些概念。"他认为这句话本质上是牛顿力学的讣告。

进行开创性的工作需要广阔的视野。维纳写道："在科学发展上可以得到最大收获的领域是各种已经建立起来的部门之间的被忽视的无人区"。他主张，"到科学地图上的这些空白地区去做适当的勘查工作，只能由这样一群科学家来担任，他们每人都是自己领域中的专家，但是每人对他的邻近的领域有十分正确和熟练的知识"。这种战略思想在控制论的创立中曾经起了巨大的作用，今天对自然科学具有普遍的方法论意义。

创造性工作需要人们对科学事业有着巨大的热情和顽强的毅力。巴甫洛夫说过："科学是需要人的毕生精力的。假如你们能有两次生命，这对你们来说也还是不够的。科学是需要人的高度紧张性和很大的热情的。希望大家在工作和探讨中都能热情澎湃。"

在向科学进军的征途上，让我们永远记住马克思的教导："在科学上没有平坦的大道，只有不畏劳苦沿着陡峭山路攀登的人，才有希望达到光辉的顶点。"

第六章　数 学 方 法

在自然科学研究中，无论是观测实验，还是理论研究，无论是从感性认识上升到理论认识，还是运用科学理论指导实践，数学方法的应用都是不可忽视的重要环节。随着科学技术的不断发展，数学方法作为研究问题的一种有力工具，已经越来越受到人们的重视。有人把它誉之为探索自然秘密、打开科学宝库的一把钥匙。马克思非常注意研究数学，并且认为，**“一种科学只有当它达到了能够运用数学时，才算真正发展了”**。

本章对数学方法的几个问题做些简略的分析。

第一节　数学方法的重要意义

客观存在的一切事物都是质和量的统一体。事物不仅有质的规定性，而且有量的规定性，质一般要通过一定的量来表现。事物的质变和量变是紧密相联、相互制约的。所以，我们在研究任何问题时，都必须注意量的考察和分析，这样才能更准确地把握事物的质。

数学是专门研究量的科学。它撇开客观对象的其他一切特性，而只抽取各种量，研究量的变化以及量之间的关系等，研究的成果刻划出客观世界量的规律性，并且不断总结出种种在量之间进行推导和演算的具体方法。因此，数学必然成为人们从量的方面去认识事物的有效工具。

在数学史上很早就从客观的数量关系和空间形式中抽象出“数”和“形”这样两个基本概念，并且相应地形成了代数学和几何学。随着形的量度和数值化，以及对代数问题做几何的解释，使数和形、代数和几何逐渐互相沟通。解析几何的产生，则把代数学和几何学有机地统一起来。微积分的出现和发展，产生了系统地研究数、形关系及其变化的分析学。从此，代数、几何、分析这三大类数学学科，就构成了整个数学的本体和核心。围绕着数和形这两个概念的不断演变和深化，上述三个领域的独立发展和相互渗透，以及它们与其他学科的结合，各种纵横交叉，在数学中生长和分化出许许多多的新分支，各从一个方面或从某一个角度反映客观世界量的关系。现在，数学的内容还在日益丰富多彩地发展着。

用数学方法研究问题，就是要根据所研究对象的质的特点，分别地或综合地运用各个数学分支所提供的概念、方法和技巧，去进行数量方面的描述、计算和推导，从而对问题做出分析、判断。所以，应用数学方法要体现质和量的统一，内容和形式的统一。

随着人类对自然界认识和改造的深化，数学方法的应用越来越广泛和深入。一百多年前，恩格斯根据当时的实际状况形容过数学的应用："在固体力学中是绝对的，在气体力学中是近似的，在液体力学中已经比较困难了；在物理学中多半是尝试性的和相对的；在化学中是最简单的一次方程式；在生物学中等于零"。现在，数学应用的面貌已经大大改观了。在整个力学和物理学中，数学的应用已是须臾不离的，物理学家从事理论工作时，大量的劳动便是数学的推导和计算。在化学中所应用的数学早已超出了初等微积分的范围，并发展出需要高深数学工具的量子化学等分支。过去一贯被认为以定性描述为主的生物学，已在运用数学方法研究生理现象、神经活动、生态系统、以及遗传规律了，并且出现了数学生物学这样的学科。有人预言，在 21 世纪，生物学与数学的关系，将与几百年来物理学与数学的密切关系那样，互相提携，互相促进。数学方法也进入了社会科学和经济部门，像 20 世纪 40 年代以后产生的运筹学（包括优选法、统筹学、规划论、对策论等）正在工农业生产中显示着它的效用。近来，数学方法正随着计算机的应用渗透到社会生活的各个方面。

在自然科学的研究中，数学方法作为一种不可或缺的认识手段，特别是理论思维的一种有效形式，其重要意义可概括为以下三个方面；

一、为科学研究提供简洁精确的形式化语言

在数学中，各种量的关系、量的变化以及在量之间进行推导和演算，都是以符号形式（包括图形、图表）表示的，即运用着一套形式化的数学语言。这种语言已成为自然科学内容的重要表达方式。例如，用一个向量表示力的方向和大小，用变量和函数表示不同因素之间的依赖关系，用函数的微商表示各种量的变化率等。许多自然科学定律都可表示为简明的数学公式。在电动力学中，用一组偏微分方程——麦克斯韦方程，概括地描述了经典电磁理论的全部基本定律。进入微观物理世界，则可用泛函分析中的希尔伯特空间和算子表达量子力学量的关系，等。由于问题的陈述、推理的过程以及定量的计算，都应用简明的数学符号，因而大大简化和加速了思维的进程。

如果不用数学，只靠日常的自然用语，连简单的自然规律都难以说清楚，更不可能描述复杂现象的内在联系了。实践证明，只有使用数学这种精确的科学语言，才能在自然科学领域进行定量的分析和深入的研究，离开了数学，理论研究工作将寸步难行。

二、为科学研究提供数量分析和计算的方法

一门科学从定性的描述进入到定量的分析和计算，是这门科学达到比较成熟

阶段的重要标志，而科学的这一进步与数学方法的应用是分不开的。例如，自从伽利略开创了把物理实验同数学方法相结合的研究途径以后，力学、物理学才迅速发展为“精密科学”。微积分、微分方程和概率论的相继应用，促进了分析力学、流体力学、电磁理论、分子运动论等许多学科中的科学理论的诞生。在生物学中，著名的基因论之所以不同于以往对遗传现象的描述，就在于它是根据两两具有不同性状的个体杂交实验所获得的大量数据，进行数理统计推导出来的，从而为进一步发展遗传理论奠定了基础。

科学史上不少重大的科学预见，都是由科学理论同数学方法相结合而做出的。如天体力学理论结合数学的推导和计算而预言了海王星的存在；爱因斯坦在狭义相对论中用数学方法获得的质能公式预示了原子核破裂发生的巨大能量；电磁波的预见是由麦克斯韦方程“推导出来”的。

现代的科学研究工作，更是离不开或简或繁的数学计算。像在建造原子反应堆和高能加速器、实现宇宙飞行这样一些科学技术工程中，如果不进行周密的理论分析和准确的数值计算，不但不能达到预期的目的，反而会造成严重的事故或灾难。由于电子计算机的出现，数学作为有力的计算工具正在一日千里地发展，越来越显示出其巨大的作用。

三、为科学研究提供推理工具和抽象能力

数学中的命题、公式都要严格地从逻辑上加以证明以后才能够确立。数学的推理必须遵守形式逻辑的基本法则，以保证从某一前提出发导出的结论在逻辑上是准确无误的。所以，运用数学方法从已知的量和关系推求未知的量和关系时，就具有逻辑上的可靠性。在自然科学的理论研究中，数学方法是一种有效的进行推理和逻辑证明的工具。

运用数学语言，在观测实验的基础上，提炼数学模型，并在这种模型上展开数学的推导、演算和分析，有助于人们抓住事物的主要矛盾，揭示复杂现象的内在联系。例如，现在在生物学中越来越多地利用数学模型去开展理论研究，并通过实验的不断检验，对模型加以修正，逐步对研究对象做出正确的理论概括。

利用抽象的数学工具还可以帮助人们进入和把握超出感性经验以外的客观世界。例如，20 世纪以来关于引力场的新见解，可以由非欧几何来描述。研究微观粒子的运动规律性的量子力学，在获得了希尔伯特空间这样的数学工具以后才大大地发展起来。正如一些科学家所认为，数学的应用，不仅在于它是计算的工具，而更主要地在于它所独具的抽象能力。有人把数学称为“思想工具”。总之，数学方法体现为一种抽象思维的力量，日益受到人们的重视，离开了这种抽象的认识手段，理论研究是走不远的。

恩格斯指出：“数学是辩证的辅助工具和表现方式”。这确实是对数学的一个

很好的总的评价。上述三方面的分析，综合起来看，也正是说明数学既是进行辩证思维的辅助性工具，又是表达辩证思想的一种语言或方式。

第二节 关于提炼数学模型问题

在运用数学方法研究实际问题时，一般要经历三个步骤：

1）用数学语言表述所要研究的问题，建立起合适的数学模型。

2）寻找求解办法，求出数学问题的解。

3）对数学解做出解释和评价，以形成对问题的判断和预见。

正像一些有经验的应用数学家所强调的：*建立合适的数学模型是运用数学方法的最关键的一步，也是很困难的一步。不从实际问题提炼出一个简明的数学问题，再好的数学方法也是难以奏效的。*下面结合经典的也是浅显的例子以阐述提炼数学模型的一些要点。

我们所面临的各种实际问题，一般都是许多因素杂处共存，呈现出错综复杂的状况。怎样根据我们所要解决的特定问题，以观测、实验所积累的数据和已知的科学理论（或者假说）为基本前提，用数学的语言表达出来，形成一个能够求解的数学问题呢？必须经过一个科学抽象的过程，并进行一系列简化，形成一个合适的数学模型以后，才能有效地应用相应的数学方法。

首先，对于我们的研究对象——常常称之为一个“系统”，需要依据有关的科学理论确定几个基本量，以反映这个系统量的规定性，刻画它的状态、特征和变化规律。比如，我们对物体的机械运动加以研究，这是一个力学系统，一般需要有这样一些基本量：质量、位置、时间、速度等。又比如，我们要研究的是一个电学系统，则需要以电流、电压、电阻、电容等作为基本量。

其次，针对我们所要解决的特定问题，分析这个系统中的主要矛盾是什么？分辨哪些量和量的关系是主要的，哪些是次要的？从而暂且摈弃那些可以略而不计的因素，突出主要的因素和关系加以研究。比如，要研究太阳系中某个行星的“绕日运动”，我们必须突出考虑太阳对这一行星的引力，因为这是导致行星绕日运行的主要因素，至于其他天体对行星的引力（即摄动力），则相对地是次要因素，可以暂不考虑。又由于研究的是绕日公转情况，则行星的自转运动也可以不予考虑。这样进行研究，虽然只是一种近似，但是因为抓住了主要矛盾，所以这种近似是科学的抽象，其研究结果基本上是符合客观实际的。当然，这是第一级近似。把这个最基本的情况研究清楚以后，就可以以此为基础，进一步依次考虑邻近天体对于这一行星绕日运动的影响，逐次修正，以求得第二级近似、第三级近似……使研究和计算的结果越来越逼近实际情况。

为了从实际问题提炼出数学模型，我们还需要分析：在所研究的问题中，哪些量是变化的——变量，哪些量可以看作是不变化的——常量；哪些量是已知的，哪些量是未知的？仍以上述行星绕日运动为例。在太阳-行星这样的“二体”问题中，太阳是恒星，其位置可看作是固定不变的；行星在绕日运行，其位置不断变化着。如果太阳和行星的质量，以及它们之间的距离已近似地测算出来作为已知的量，那么行星运行的轨道就是待求的未知量了。

把问题的基本数量关系分析清楚以后，还要对有关的量做进一步的简化，才能形成一个待解的数学问题。例如在上述问题中，我们近似地把太阳和行星都看作密度均匀的球体，因而可以不必考虑它们的实际体积和形状，而只考虑两者质心的位置就行了。换句话说，就是把问题简化成了两个质点之间的相对运动。为了方便起见，把太阳的质心位置选作坐标系的原点。这样，根据万有引力定律和牛顿第二定律，我们就容易导出行星绕日的运动方程，这是一个微分方程。

综上所述，提炼数学模型的过程，是对研究对象进行具体分析，从而达到科学抽象的过程，目的在于找到一个能反映问题的本质特征的、同时又是理想化、简单化了的数学模型。在这个过程中我们要善于“化繁为简”“化难为易”，也就是要进行一系列合理的简化。例如，把密度不太均匀的物体近似地看作是均匀的；把复杂的不规则的边界近似地用简单规则的边界来代替；把实际上有限的东西，在特定的条件下，看作无限的东西以便于数学上的处理；有时还要把三维问题化为二维，二维化为一维等等。正像数学家所说：“一定要抄近路和利用问题的每一个偶然的对称性来进行简化”，“简化”得能够进行数学运算。当然，简化不是绝对的，不变的。怎样简化决定于两个因素：一是实际问题所允许的误差范围，一是所用数学方法需要的前提条件。电子计算机出现以后，虽然使应用数学家从高度理想的模型中得到一定程度的解放，但“敢于简化”和“善于简化”仍然是运用数学方法的基本功，因为至少要简化得使计算得以在机器上实现。

第三节 研究必然现象与或然现象的两类数学模型

客观事物的变化一般地表现为两大类现象。一类是必然现象，一类是或然现象。对这两类现象的变化规律进行量的研究，相应地形成了两类数学模型——确定性模型和随机性模型。

所谓必然现象就是事物变化服从确定的因果联系前一时刻的运动状态可以推断以后各时刻的运动状态。在数学上通常可以用各种方程式——数方程、微分方程、积分方程以及差分方程等来表述，其中尤以微分方程应用最广。

第二节中谈到的行星绕日运动就是遵循力学定律的一种必然现象，导出的常微分方程便是确定性数学模型的一个有代表性的实例（其中未知函数即行星的位置变化用 $r(t)$ 表示，它只与一个自变量 t（时间）有关，叫作常微分方程）。还有许多现象，甚至更多的现象，未知函数是依赖于多个变量的，则导出偏微分方程。例如，一个物体的温度，不仅随时间变化，而且在物体的各个不同位置也有不同的数值，所以温度 T 是时间和空间坐标的函数，表示为 $T(x,y,z,t)$。在物体中由于温度的不均匀，热量从温度高的地方向温度低的地方转移。这种热传导现象就要由偏微分方程来描述。

客观过程虽然是多种多样的，然而往往可以提炼成几类典型的偏微分方程，例如各种波动过程（机械波、声波、电磁波等）可表示成双曲型的偏微分方程（又称波动方程）；各种输运过程（热传导、分子扩散等）可表示成抛物型方程；而各种稳定过程（稳定的温度分布、浓度分布、静电场、无旋稳定恒电流场等）可表示成椭圆形方程。不同性质的运动过程可以用同一形式的微分方程来描写，正是反映了它们具有共同量的变化规律。这种微分方程的相似性正是第二章中谈到的数学模拟方法的理论基础。

对于特定的具体问题，要确定地了解其运动，仅有反映共同运动规律的微分方程是不够的，还要考虑所研究对象处于怎样的特定“历史”和“环境”之中。历史状况体现在以某一时刻为开始的初始运动状态，叫作初始条件，而周围环境的影响则表现在边界上的实际状况，叫作边界条件。一个微分方程只有加上确定的初始条件和边界条件以后，才构成特定问题的数学模型，常常称为微分方程的“定解问题”。

对于微分方程的求解（一般是指近似的数值解），当实际问题限于微振动、微扰波或微小变形的平衡状态时，导出的微分方程都是线性的。对于这线性问题，已经有了比较成熟的理论和成套的解法。但是在现代科学技术领域中，我们还面临着许多非线性问题，如大振幅波、大变形的平衡态、非线性耦合共振或形态突变等，只能表述为非线性微分方程。除了一些特殊情况外，至今尚无成熟的系统化的理论和解法。现在，数学工作者正在努力攻克“非线性关”。

所谓或然现象，又称随机现象，其变化发展往往具有几种不同的可能性，究竟出现哪一种结果是带有偶然性随机性的。

曾有人误以为这类现象是无规律可循的，其实它虽然不遵循微分方程所体现的规律性，却遵循统计性规律。当随机现象由大量成员组成，或者出现大量次数时，就能体现出统计平均规律。对这两种“大数现象”，运用数学中的概率论和数理统计来进行描述和处理，便可看出“大势所趋”，并可计算各种可能出现的结果的平均比例分布。

大数现象的一种典型例子是大量物质微粒（如分子、原子、电子等）的运动。比如气体是由大量分子构成的，在标准状况下（即压强为一个大气压、温度为0℃时）每立方厘米气体所含的分子数目为 2.687×10^{19}，所有分子都不停地做“无规则”运动，分子之间不断相互碰撞着。如果考察每一个分子的运动状况，那么它在每一时刻都可能有种种不同的位置，不同的方向和不同的速度，究竟处于何种状态则是偶然的、不确定的，也叫作“随机的”，但是考察由这大量分子构成的总体——气体，其宏观性质如温度、压强、体积等这些变量之间则呈现出一定的规律性。宏观量是微观量的统计平均结果，表现出统计平均所必然具有的涨落现象。

大数现象的另一种典型例子是：组成物体的个数并不多，甚至只有一个，但对它进行某种“实验”时，每次的实验结果有偶然性，是不确定的、随机的。可是如果在同样条件下把实验重复大量次数以后，则呈现出一定的规律性。打一个最简单直观的比喻：在桌面上旋转一枚五分的硬币，转动停止时，有时是国徽图案朝上，有时是五分字样朝上，即有两种可能性，难以预测出现哪一种结果。如果第一次转动结果是图案朝上，第二次转动时尽管努力保持同样的初始状态，却不能保证得到同样的结果，不能做出肯定的预测。也可以说，对初始状态的可能的极细微的改变，就对运动造成极大的影响，甚至导致完全相反的结果。这同微分方程所反映的那种由初始状态便可确定以后的运动状况相比，真是截然不同，但是如果我们对这一硬币继续旋转多次，就会出现一种统计规律性。图案朝上或字样朝上的次数在总旋转次数中所占的比例，随着旋转次数的增加而渐趋稳定：各接近于1/2（即两种结果出现的概率各为1/2）。对于这类大数现象，连续观察大量次数，就能发现一定的统计规律性。

上述两种典型的大数现象，在科学实验、工农业生产以及社会生活中都是屡见不鲜的。概率论和数理统计是研究大数现象量的规律的数学工具。前者偏重于数理分析，后者以概率论理论为基础，进一步给出各种具体的统计方法，如“抽样估计”等方法。这些方法体现了偶然性和必然性的统一，从看来是杂乱无章的偶然性中找出固有的规律性，并且近似地作出量的刻画。

上面简略介绍了研究两大类现象的两种数学模型。必须说明，在客观世界中，必然现象和或然现象并不都是截然分开的。这里可以举出两种情况：第一，有一些现象，从微观看来是随机的，从宏观看来是有确定的变化规律的。上面提到的热传导现象便是如此。从微观看热传导过程是由分子的随机运动引起的，需用统计方法研究，但其宏观效果——热量从温度高处流向温度低处，则可由一个抛物型的偏微分方程描述。第二，在许多场合，必然现象中的随机因素可以忽略不计，然而在某些场合，例如在大气中或海洋中的一些运动过程，受到一些随机因素的极大干扰，是不能忽略的，从而产生了所谓“随机微分方程”的研究，由于在一般的微分方程定解问题中，加进了随机因子（或表现在方程中，或表现在定解条件上）数学问题就复杂得多了。

第四节　数学理论研究与应用

从实际问题提炼出数学模型以后，必须进而结合具体研究对象钻研下去，寻找切实可行的求解方法，并对照实际情况对求得的数学解进行深入讨论，以期对问题做出合乎实际的解答。至此，运用数学方法研究问题才告完成。然而，科学家特别是数学工作者并不停留在已有数学方法的有效应用，还要善于撇开具体对象，从一类或几类数学模型中抽取出一般性问题进行理论研究。这种研究虽然已经进入纯粹数学领域，其成果仍然直接地或间接地有助于数学方法的发展和应用。

由第二节我们知道，在提炼数学模型时要进行一系列简化，怎样检验这些简化是合理的？怎样保证数学问题的解能够相当准确地（即在允许的误差范围内）反映客观实际呢？如果问题的解容易求出来，再安排相应的观测或实验，就可以直接验证解的准确性了。但是问题的求解往往是比较困难的，而观测和实验也未必容易实现，有时缺乏物质条件的准备，有的现象需要等待很长时间才出现。比如天体运动就非一朝一夕能观测到，因为其运动周期是相当长的。因此，在求解之前先从理论上进行一些探讨是有实际意义的。19 世纪以来的微分方程理论就各种微分方程所共有的三个问题：解的存在性、唯一性和稳定性问题做了许多研究。第一个问题是判定方程的解是否存在。如果方程无解，就表示所列方程可能与实际问题不一致，需要检查所作的一些简化是否有不恰当之处，而应加以修正。第二个问题是判定方程的解是否唯一确定。如果能从理论上证明解是唯一的，那么我们按不同的方法去求解时，即或求出的解在表现形式上不一样，实质上是同一的。第三个问题是讨论定解条件（或方程本身）略有改变时，解的变化如何？初始条件和边界条件一般是观测或实验的数据。例如，初始时刻的位置、速度或温度分布等，以及边界上的受力大小或加热情况等，这些都是具有一定误差的近似值，那么会不会发生定解条件“失之毫厘”而求出的解却“差之千里”，以致根本不能如实反映实际的运动状况呢？解的稳定性理论告诉我们：只要定解问题满足一定条件，比如只要定解条件的测量是在足够小的误差范围内，那么就可以保证解的变化也必定是在所要求的误差范围之内，即求得的解是能够比较准确地反映客观实际的，并且可以对解的近似程度做出估计。这三个问题的理论研究能够弄清楚解的许多性质，而且能对数学模型的检验起辅助作用，帮助我们在应用微分方程时，减少差错，减少盲目性。

有一些理论研究，看来不但远离了具体对象，也脱离了某一类的数学模型，而且是从更广泛的领域抽取出某种特殊的关系或性质，专门从理论上进行探讨，以后逐步发展成很有用的数学工具。例如研究“对称”的性质和规律，逐步形成了一个抽象的数学分支——群论。后来，把群论的基本原理同物质结构和运动的具体对称性相结合，就成为研究物质微粒运动规律的一种有力工具。在物理学和化学领域，有关晶体结构、分子、原子和核结构以及基本粒子等问题的理论研究和计算中经常用到群论方法。又比如，研究几何图形在双方一一对应的连续变换下的不变的性质和关系（例如在这种变换下，一闭合的曲面虽然形状变了但仍保持为一闭合的曲面等)，逐步发展成另一个抽象的数学分支——拓扑学，它的基本概念和原理已日益运用在其他数学分支包括微分方程的研究中，在其他科学技术问题中也获得了应用。再如，近些年来，法国拓扑学家托姆（Renb Thorn）专门就突变现象进行研究，即研究可微函数在奇点（不可微的点）附近的情况由于事物是在四维时空中运动的，他总结出当控制参数不超过四个时，共有七种基本的突变类型，其基本思想有助于探讨微分方程的结构稳定性问题。这个新的数学理论——突变论，目前还在初创阶段，在力学、物理、生物及工程方面已露出可能应用的苗头。

数学发展的历史告诉我们：纯粹数学与应用数学是相辅相承、互相促进的。一方面我们要善于把纯数学的研究成果运用到实际问题中去，另一方面，在实际应用中往往能够概括出新的理论问题以丰富纯粹数学的内容。特别是，当我们面临的实际问题尚无现成的数学方法时，决不能守株待兔，而要善于从事开创性的研究，创造新的数学工具。新方法在建立过程中，往往缺乏牢靠的理论基础，表现在基本概念不明确，逻辑上不严密等，这些问题又需要进行艰苦的理论研究，才能逐步完善起来。

在自然科学和社会生活中，常常遇到一些模糊的现象，没有分明的数量界限，人们使用一些模糊的词句来形容，如“比较清晰”“很年轻”“稍许黑一些”“近乎白色”“几乎没有”等，并且运用这些外延不确定的模糊概念按照一定目标去做出某些判断。在经典的精确数学中，却没有相应的语言和方法对这类现象进行量的描述。近几十年来，在研究电子计算机怎样模拟人并代替人去执行一些任务(如图像识别等）时，就需要创立新的数学方法，把人们常用的模糊语言设计成机器能接受的指令和程序，以便机器能像人脑那样简捷灵活地做出相应的判断，从而提高机器自动识别和控制模糊现象的效率。正是在这样的实际背景下，产生了模糊数学这样的新学科。1965 年美国数学家查德（L. Zadeh）首先考虑到对数学的集合概念进行修改和推广。本来在集合论中，元素对集合的关系或是“属于”，或是“不属于”，即取值 0 或 1，二者必居其一。而他提出了新的弗晰集合（fuzzy set）概念，使元素与集合的隶属程度可以取 0 与 1 之间的所有实数值。在弗晰集合上逐步建立运算、变换规律，开展有关的理论研究，就有可能构造出研究现实世界中的大量模糊现象的数学模型，发展出对看来相当复杂的模糊系统进行定量的描述和处理的数学方法，目前，这个新发展起来的学科正在日益显示其生命力。

第五节　公理方法的作用

正像著名数学家希尔伯特所说：“尽管数学知识千差万别，我们仍然清楚地意识到：在作为整体的数学中，使用着相同的逻辑工具，存在着概念的亲缘关系。

同时，在它的不同部分之间，也有大量相似之处。”把数学作为一个整体，抽取全数学中共有的东西加以研究是很有意义的事情。

介乎逻辑学和数学之间的边缘学科——数理逻辑，用数学方法研究思维过程中的逻辑规律，也系统地研究数学中的逻辑方法。这种研究使从事数学工作的人增进对日常所使用的逻辑方法的自觉性。又由于数理逻辑促进了计算过程和推理过程的机械化，它的研究成果为电子计算机的发展做了理论上的准备，为计算机的结构和程序语言的设计提供了有力的工具。

数学中的公理方法是数理逻辑所研究的一个重要课题。这里简略谈谈公理方法的发展和作用。数学中的公理方法是希腊数学家欧几里得（前450—374）首创的。他在总结古代几何学知识时，运用了亚里士多德的逻辑方法（这是逻辑学中萌芽状态的公理方法），选取少数原始概念和不需证明的几何命题，作为定义、公理、公设，使它们成为全部几何学的出发点和逻辑依据，然后运用逻辑推理证明其余的命题，从而得到一系列几何定理。欧几里得就是按照这种公理化结构，撰写了著名的《几何原本》一书，使几何学从此成为一个完整的逻辑体系。这部著作是两千多年来传播几何学知识的重要典籍。(当然，从现代数学的观点看来，这个体系在逻辑上是不够严密的)。《几何原本》的影响是很深远的。不但在数学中，而且力学、物理学中的一些著作也都仿效它，把已有的知识组织成一个演绎的逻辑体系。所以，当一门科学积累了相当丰富的经验知识，需要按照逻辑顺序加以综合整理，使之条理化、系统化，上升到理性认识的时候，公理方法便是一种有效的手段。

例如，前面提到的群论，便经历了一个公理化过程。当人们分别研究了许多具体的群结构以后，发现它们具有几个基本的共同属性，可以用一个满足三条(或四条）公理的集合来定义群，形成一个群的公理系统。在这个系统上展开群的理论，推导出一系列定理。这是一个抽象的系统，然而又是具有普适性的。因为集合的元素既可以是数（有理数，整数……）向量等，也可以是晶体结构中的点，或者某种移动、转动等。集合中的运算可以是加法、乘法等，也可以是一种变换、映射或运动。这种非常抽象的公理系统体现了数学方法的高度抽象性与广泛应用性的统一。

公理方法发展成为自然科学研究的一个基本方法，不但对于建立科学理论体系、训练人的逻辑推理能力，系统地传授科学知识，以及推广科学理论的应用等方面能起有益的作用，而且对于进一步发展科学理论（虽然，主要是数学理论）也有独特的作用。

一个公理体系不仅是前人经验知识和研究成果的总结，而且它本身又将成为新的科学研究的起点。通过研究体系的内部逻辑矛盾，引入新的公理，从就使理论在原来的基础上获得新的发展。例如，欧氏几何体系两千年来一直是许多数学家的研究对象。由于其中的第五公设即平行公设不是显然自明的，许多人想由别的公设来论证它，以证明它不是一个独立的公设。但是研究的结果说明这个公设不能是其余公设的推论，它确实是独立的。因而可以引进新的公设取代它，这样，便从逻辑上推导出平行公设不成立的一套新的几何体系——非欧几何。

19 世纪末，希尔伯特对欧氏几何公理体系的深入研究，把公理方法推进到一个新的水平，提出了关于公理系统的三个重要问题：无矛盾性、独立性和完备性。围绕着这些问题开展了许多理论研究，产生了形式化的公理方法。（有些人认为只有这种形式化的公理方法才能称为现代数学的公理方法。）通过公理化方法，人们可以研究各种可能的数学结构。这些结构开始往往是没有实际背景的，但以后发现了它们的现实模型，如希尔伯特空间线性算子便在量子力学中获得了应用。

公理方法本身也成为了科学研究的对象，特别是数理逻辑的一个重要研究内容。由于数理逻辑是用数学方法研究推理过程的，它对公理方法进行研究，一方面使公理方法向着更加形式化和精确化的方向发展，一方面把人的某些思维形式，特别是逻辑推理形式加以公理化、符号化，又为电子计算机模拟人脑的某些思维过程提供了理论依据，这方面的研究成果已经开始付诸实践，并取得了初步的成效。

第六节 电子计算机与数学方法的革新

电子计算机是 20 世纪的一项重大发明，并且正在迅速发展。现在计算机已经广泛地应用于各个领域，成为现代社会中强有力的科学工具。计算机对数学的发展和数学方法的应用带来了巨大的影响，大大开拓了数学方法的应用范围，加深了数学在认识世界和改造世界中的作用。

一、计算机的快速、准确的计算能力为自然科学的定量研究和用科学理论定量地指导实践打开了新的局面。

许多科学技术问题在表述成数学形式以后，往往由于无法求出数值解而流于“纸上谈兵”，或停留在一些定性的讨论上。例如各种微分方程问题，能够直接求出解析形式的解的只是极少数，一般要依靠近似计算的方法，而计算量之大又往往非人力所能胜任。以天体力学为例，第二节中叙述的二体问题，虽然在三百年前就获得了精确的解析解，但是研究三个天体的运动，即三体问题，尽管原理是同样的，即只用到牛顿的万有引力定律和第二运动定律，微分方程组早已列出，却至今不能用解析方式处理。而人造卫星、宇宙飞船的轨道选取与求解三体问题的原理是同样的，这是由地球、月亮和卫星（或飞船）构成的三体问题，所以微分方程和计算方法都是类似的。只有运用了电子计算机，及时地进行快速、准确的数值计算才使人们可能有效地对卫星进行制导和控制。所以，科学原理虽然早已清楚，如果没有先进的计算手段，人是不可能跨出地球，到太空去遨游的。

又如，在天气预报方面，计算天气方程，希望从今天的气象数据推算明天的气象数据。如果只凭人力进行笔算，要化成年累月的时间，即使缩短为几天几夜，也谈不上什么“预报”了。而电子计算机则有可能解决这种困难。

现代的科学实验和工程技术问题都有浩繁的计算，求解上百个未知数的联立方程是常有的事，所要求的速度和精度都是人力难以完成的。例如对核武器的最简单的数学模型做粗糙的近似计算，用每秒十万次的计算机也要算几小时到十几小时。若用人工计算，一个人要算上一万年。现在通过存储量大、速度快的计算机进行科技计算，就为定量地进行科学研究和指导技术实践打开了大门。从这个意义上说，没有计算机，就没有现代化的科学技术。

二、计算机提供了进行多次试验计算的可能性，使数学也能够进行“实验”，并使这种“数学实验”获得广泛的应用。

19 世纪的数学家高斯为了发现整数性质的规律性，对各种情况进行试算，称为“系统尝试法”。他用这种系统试算方法获得了整数论的一些著名定理。但是对于更复杂的问题，则因为试算次数之多、工作量之大而无法实际进行。电子计算机的出现，则为数学研究提供了有力的实验工具。近年来一个突出的成就是人们为了求一种非线性问题（色散波方程）的数值解，而在计算机上进行试验，终于在荧光屏上获得了孤立子解。这是应用数学的一项重要突破。

利用计算机进行这种数学实验，对于越是复杂的对象越能显示成效。例如生物学中，一个生态系统或生理系统，常常是数以百计的多因素相互作用的复杂系统，即使形成了数学模型，也由于无从验算和评价，而只好束之高阁。现在则可以在计算机上完成理论值的试算，再将理论值与实验数据进行比较，从而对数学模型进行校正、检验和评价，并可进行模型的筛选，为进一步的理论研究打好基础。

在一些大型工程技术项目的设计中，利用电子计算机对多种可能的设计方案，进行计算和比较，以选取最佳方案。例如大庆油田某个区的开发方案，便是通过计算机算了两千多个方案以后确定下来的。

三、电子计算机不但促进了数学各分支的发展，而且开拓出数学研究的新领域、新课题、新方法，新的学科陆续诞生。

计算机的兴起，使那些与计算机设计直接有关的学科，像数理逻辑和代数学的有关分支获得极大的推动力，使它们焕发青春，迅猛发展；并且提出了一些新的研究课题，如“计算的复杂性”等等。

许多数学问题，为了适应计算机的应用，需要寻求先进的计算方法。20 世纪 60 年代初，我国数学家和外国一些数学家各自独立地创造出了求解椭圆形偏微分方程的一种通用的系统化的新型方法——有限元法。这是现代计算数学和工程计算中的一项创新。近几年来，出现了“计算几何”这样的新分支，有人把它定义为“对几何外形信息的计算机表示、分析和综合”。这是一门综合运用数学中许多分支的成果与计算机结合起来研究曲线与曲面的学科。飞机、造船、汽车等工业中的外形设计都与之有关。

配合计算机的应用，许多新的边缘学科正在崛起，如计算天文学、计算物理学、计算化学、计算经济学等等，都在蓬勃发展之中。像天文、物理这样一些历史悠久的基础学科，由于获得了电子计算机所提供的新颖的研究方法而别开生面。比如对于计算物理学，有人形容为：它既是“纸上的”实验物理学，又是用电子计算机武装起来的理论物理学。

由于计算机具有逻辑判断的能力，中外一些数学家正在研究像数学定理的机械证明这样的新课题。设想数学研究中的机械性推理过程也能由机器完成，使数学家从一些冗长烦琐的定理证明中解放出来，可以更集中精力于创造性的研究工作。目前，初等数学中的部分定理证明已能在机器上实现，并能判定其中某一类问题能否找到统一的在机器上实现的算法解。不久前，像“四色问题”这样长期未能解决的著名难题，借助计算机进行了一百亿个逻辑判断，证明了上千个引理，从而完成了证明。这个计算机辅助定理证明的成功范例，更鼓舞人们朝着用计算机武装数学研究的方向前进。

近些年来，为了使计算机（称为电脑）模拟人脑的某些功能，开展了人工智能的研究。图像识别等新兴学科已经取得了许多可喜的进展。而且这方面的研究又开拓出弗晰数学（或模糊数学）这样一片正待开垦的处女地。

总之，把数学与计算机巧妙地结合起来，给数学的未来带来了巨大的希望。数学方法从纸和笔的手工时代进入到电子计算机这样的机器时代，其前程之宽广将是难以估量的。

第七章　控制论方法和系统方法

第二次世界大战后，出现了一些崭新的学科，如控制论、信息论、系统论等，它们从不同侧面揭示了客观物质世界的本质联系和运动规律，为现代科学技术的发展提供了新思路、新方法。有人认为。控制论和系统论是继相对论和量子力学之后，又一次“彻底改变了世界的科学图景和当代科学家的思维方式”。本章对控制论、信息论、系统论等新学科出现的方法论意义做一初步的探讨。

第一节　控制论产生的方法论启示

控制论是自动控制、电子技术、无线电通信、神经生理学、数理逻辑、统计力学等多种学科和技术相互渗透的产物。早在 1943 年维纳等人发表了《行为、目的和目的论》一文，第一次把只属于生物的有目的行为赋予机器，阐明了控制论的基本思想。1948 年维纳又发表了《控制论》，为这门新学科奠定了理论基础，标志着它的正式诞生。20 世纪 50 年代后，控制论向各个领域渗透，相继出现了工程控制论、神经控制论、经济控制论、社会控制论、大系统理论、智能控制等分支。几十年来，控制论对当代科学技术的发展起了积极的作用。

只要研究一下控制论及其产生的历史过程，就不难发现，无论就其科学研究的战略思想，还是具体的研究方法都有许多重要的方法论启示。

首先，维纳等人之所以能创立这门新学科，正是由于战略思想上有独到之处，高屋建瓴、统观全局，及时抓住了当代科学技术发展的特点，认识到各门学科之间的相互渗透已成为科学发展的一种潮流，因而确定了自己的研究领域和目标。他认为；在科学发展上可以得到最大收获的领域是科学的边缘区域，称为科学的处女地，它给有修养的研究者提供最丰富的机会和领地。而在这块处女地上进行查勘和开垦工作，必须组织各种学科的科学家，进行合作才能见效。在这种思想指导下，维纳等人利用每月一次聚餐的方式，组织科学方法的讨论会，进行学术交流，活跃思想，坚持多年。结果表明，参加讨论会的志同道合者们，在开垦中付出辛勤劳动，获得了丰硕成果。参加聚餐会的人中，除维纳创立控制论外，冯·诺依曼成为博奕论奠基人、二进制电子计算机的创始者之一，别格罗（Bigelow）和戈德斯汀都是电子计算机设计的最早参与者，麦克卡洛（W. S. Mcculloch）和匹茨（W. Pitts）成了神经控制论和人工智能的奠基人，罗森勃吕特（A. Rosenblueth）是控制论和人工智能的开拓者之一，他们所创立的这些新学科，都是现代科学技术史上闪闪发光的明珠。

其次，维纳把控制论又称为“关于在动物和机器中控制和通信的科学”，明确地指明这门新学科，既突破了动物和机器的界限，又突破了控制工程与通信工程的学科界限。维纳等把动物的目的性行为赋予机器，将动物和机器某些机制加以类比，从而抓住一切通信和控制系统中所共有的特征，站在一个更概括的理论高度加以综合，形成一门具有更普遍意义的新理论。他把寻找学科之间共同联系的纽带作为创立控制论的目的。他说，“控制论的目的在于创造一种语言和技术，使我们有效地研究一般的控制和通信问题，同时也寻找一套恰当的思想和技术以便通信和控制问题的各种特殊表现都能借助一定的概念加以分类。”他把既是机器又是动物中的控制和通信理论的整个领域叫作控制论，并用希腊字 κυβερνη′τικη (意为掌舵术) 来命名。

最后，在控制论研究工作中，还突破了传统方法的束缚，为现代科学技术研究提供了新方法。维纳根据自动控制系统随周围环境的某些变化来决定和调整自己运动的特点，摒弃了牛顿和拉普拉斯的机械决定论，把控制论建立在新的统计理论的基础上；他撇开对象的物质和能量的具体形态，着重从信息方面来研究系统的功能；他不是着重研究系统此时此地的行为，而是研究所有可能的行为方式和状态，及其变动趋势。他把功能模拟法、系统法、信息法、反馈法作为科学方法自觉地运用于控制和通信系统的研究中。实践证明，这些方法已被日益广泛地运用于生物学、神经生理学、心理学、医学、工程技术以至经济管理和社会管理等许多领域，并取得了显著成效，这些方法有力地促使科学理论向整体化，综合化方向发展，具有普遍方法论意义。

第二节　功能模拟法

一、功能模拟法及其特点

类比与模拟方法对控制论的创立起了很大作用，同时控制论又把模拟方法发展到功能模拟的新阶段。维纳称颂阿希贝（W. R-Ashby）“把生命机体和机器做类比工作，可能是当代最伟大的贡献。他本人在第二次世界大战期间，在研究武器自动化时，就把自动装置有目的性的动作和人的相似行为加以类比，发现以前认为只属于生物机体的有目的性动作的性质，在某些自动控制系统中同样存在。例如：由炮瞄雷达站、高射炮控制仪以及高射炮等组成的火炮自动控制系统，它的控制过程与一个猎手在狩猎时的行为非常相似。炮瞄雷达对目标物进行搜索，然后跟踪，在自动跟踪的过程中，雷达天线的电轴方向与目标物的方向加以比较，并把所得出的跟踪误差用来控制转动天线的拖动装置，目标物的坐标信号从雷达进入高射炮控制仪，控制仪解决炮弹和目标物的相遇问题，并且把预测坐标送给高射炮进行射击。通过自动火炮和猎手的对比可以发现：相对应的机体具有相似的功能（如人眼与雷达都有搜索、跟踪目标的功能）；它们都按预定目的动作（合乎目的性）；最终效果都以一定的操作或行为来达到打击目标物。这种功能或行为的相似性，在生物和机器以至社会生活中都是普遍地存在着的，**我们把这种以功能和行为的相似为基础，用模型模仿原型的功能和行为的方法称为功能模拟法。**

功能模拟法与传统的模拟法相比，具有以下特点：

1）它只以功能和行为相似为基础，它所模拟的是一切具有控制和通信功能系统的合乎目的性的行为。

2）在传统模拟中，模型只是一种认识原型的手段，而在功能模拟中，模型是具有生物目的性行为的机器，它本身就是研究的目的。

在运用“黑箱”理论时，从功能上描述和模仿系统对环境影响的反应方式，一般无需分析系统的内部机制和个别要素，不追求模型的结构与原型相同。

二、功能模拟法在现代科学技术研究中的作用

首先，功能模拟使电子计算机（电脑）代替人脑的部分思维功能成为可能，为人工智能的研究提供了有效方法。

思维是特殊的物质——人脑的最高产物，它具有记忆、判断、推理、选择、演算等智力活动的功能，它对客观事物的反映是上述智力活动的一种综合表现。例如：我们对 $5\times23+3\times15=x$ 进行演算时，必须经过下述过程：

1）眼看题目，将信息送到大脑；

2）大脑根据题目及记忆中的理论、经验进行判断，选出解题方法；

3）根据运算规则进行演算，得到结果；

4）进行检查；

5）将答案从脑中输出，用手写在纸上。

整个演算过程都是由几种智力活动相互配合，有规律地依次完成的。一些更复杂的智力活动的思维过程也大致类似。限于目前的科学技术水平，人们还不可能完全搞清并复制出人脑这个复杂的物质结构，因此，人们自然会想到，能否暂时撇开人脑的内部结构和机制，而仅仅从它的功能加以模拟呢？控制论的创始者们运用功能模拟法，制造出电子计算机成功地模拟了人脑的某些思维功能，他们采用五个与大脑功能相似的部件组成了计算机，创造了用计算机代替人脑的部分功能的奇迹。

具体来说：

用**输入装置**模拟人的感受器（如眼、鼻、耳……）来接受外来信息。

用**存储器**模拟人脑的记忆功能，将外来信息记存下来，并可供随时提取。

用**运算器**模拟人脑的判断、选择、计算功能。

用**控制器**模拟人脑在整个思维运动过程中有条不紊地指挥各部件协调一致地工作。

用**输出设备**来模拟人对外界环境的反应，可以输出计算结果，或与外部设备联结指挥别的机器动作。

把以上五个部件组成一个整体就是目前常用的电子计算机（电脑）如下图所示。当我们把 $5\times23+3\times15=x$ 的解题任务交给机器去完成时，一般是把题目编好程序通过输入设备送到存储器中存储起来，这就相当于记忆，再由控制器向存储器取出数和程序送运算器进行演算，并将结果送回存储器让它记住，再通过输出设备将结果送出来。这样，人脑的演算功能就被模拟出来了。

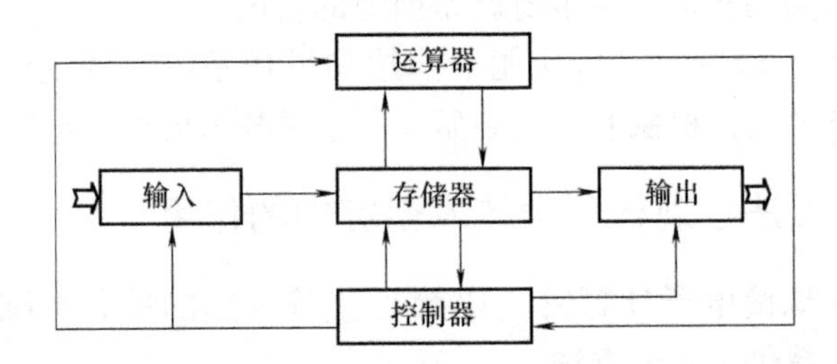

人们已能采用功能模拟法，将人脑在进行演绎推理时的思维过程、规则和所采取的策略、技巧、简化步骤等编进计算机程序，先在计算机中存储一些公理，再给它一些推理规则，然后让机器去探索解题的方法，这时机器就能表现出类似人脑演绎推理的功能，证明某些数学定理。数理逻辑学家王浩编制了一个通用程序，仅花了九分钟就证明了罗素、怀德海的《数学原理》中350多条定理。同样，电子计算机亦可以模拟人脑归纳推理的功能，它可以从大量图形中抽象出一般概念，如“三角形”“四边形”等，可以对图形进行正确的分类。

另外，运用功能模拟可以让机器表现出类似人的决策和计划的行为。1959年美国赛缪尔就设计制造出一台能在失败中吸取教训的下棋机，它能像棋手那样，向前看几步棋，以求最佳博弈。这种机器在1962年曾打败了美国的州跳棋冠军罗伯尼莱。

功能模拟法不仅模拟人脑的某些逻辑推理的功能，而且还可以模拟人的多种智能活动及行为。如认识图像、分辨声音、嗅别气味等原属于人的本职工作，现在可以交给一种识别机去完成。苹果分选机就是模拟人工选苹果的行为制成的，它可以根据苹果的颜色、大小和软硬程度，把它们分成好的和次的两类。当苹果由传送带送来，机器的“眼睛”——光学扫描器观察苹果的颜色和大小，另一个装置像手似地检查苹果的软硬，它们把这些信息都转变为电信号，送进计算机，计算机把新进来的信息与经过“学习”贮存的信息加以比较，做出判断，决定苹果类别，同时启动开关，把苹果放进适当的分装盒内。有些识别机还被用来识别图像照片，分辨真假导弹头，判断含油地层，寻找电子设备的故障，以及根据脑电图、心电图等信息模拟医生诊断疾病等等。

有些机器人，可以模拟人在特定环境下的某些行为，代替人到危险和有害的环境下操作，目前机器人已在宇宙空间、深海、放射性污染区、高温高压、真空等恶劣环境下作业，它们可以替代救火员，深水打捞员、救护员、装配工等等。

随着科学技术的进一步发展，一种具有听觉、视觉、触觉，以及与人对话的智能机器人正在出现，它可以模拟人类较高级的智能活动和改造自然的行为。

其次，功能模拟法开辟了向生物界寻求科学技术设计思想的新途径（仿生学）。科学技术发展到20世纪中期，生物界的种种奥妙逐渐被人们所揭示，使人们认识到生物界在亿万年漫长进化过程中，形成许多卓有成效的导航、识别、计算等系统，它们的快速灵敏性，高效性，可靠性和抗干扰能力都令人惊奇。例如螳螂能在0.05s的瞬间，计算出飞掠眼前的小昆虫的飞行方向、速度、距离，一举捕获之，使上吨重的电子跟踪系统相形见绌。目前，在许多方面，赫赫有名的电子计算机尚不及昆虫的大脑。因此，人们很自然地把寻找新技术原理和方法的注意力转向了生物界。控制论突破了机器与生物的界限，把目的和行为的概念赋予机器，为机器与生物之间进行功能模拟提供了理论根据，为用精确的物理技术科学的方法和工具来研究和模拟生物界现象的仿生学奠定了科学基础，开辟了发展现代科学技术的新途径。如：人们发现青蛙只有当昆虫运动时才袭击它们，否则它就视而不见，毫无反应。从研究蛙眼的视神经得知：蛙眼有四类神经纤维，即四种检测器，可以分别辨认、抽取输入视网膜图像的四种特征中的一种，只有当它发现运动的物体时它们才同时工作，每一种检测器都把各自抽取的图像特征传送到蛙脑的视觉中枢——视顶盖，然后做出反应。人们利用这一特点，研制成功电子蛙眼模型，能感知在前面运动着的物体，可用于识别飞机、导弹或预防碰撞事故，还可以用来跟踪人造卫星。

此外，功能模拟法还可以模拟复杂的社会过程中的某些现象。这种方法把人们运用模型来研究事物的模拟方法发展到新的水平，它可以模拟以前无法模拟的系统的和目的性的行为和功能。它的应用为人们开辟了模拟生物过程、心理过程、思维活动和社会过程的新途径。

第三节 信息方法

一、信息与信息方法

所谓信息，简单来说是指具有新内容、新知识的消息（如书信、情报、指令)，就最一般意义来说，信息是系统确定程度（即特殊程度、组织程度或有序程度）的标记。在通信和控制系统中它是系统之间普遍联系的特殊形式，它与组织结构密切相关。如遗传信息与核苷酸的排列顺序有关，计算机的技术信息与所给指令和程序有关，单词的信息与字母排列顺序有关，人类语言组成的社会信息与词汇、语句的结构顺序有关，大自然景色给人们的信息则与阳光的强弱、山脉的褶皱、瀑布的喧腾、树叶的颜色和沙沙声等有关。可见，信息是现实世界现象之间建立联系的一种特殊形式，它反映了物质和能量在空间和时间中分布的不均匀程度，以及宇宙中一切过程发生变化的程度，是物质的基本属性之一。它已成为现代科学技术中普遍使用的一个重要概念。

所谓信息方法，就是运用信息的观点，把系统看作是借助于信息的获取、传送、加工、处理而实现其有目的性运动的一种研究方法。它的特点是：用信息概念，作为分析和处理问题的基础；它完全撇开对象的具体运动形态，把系统的有目的的运动抽象为一个信息变换过程；如下图所示。

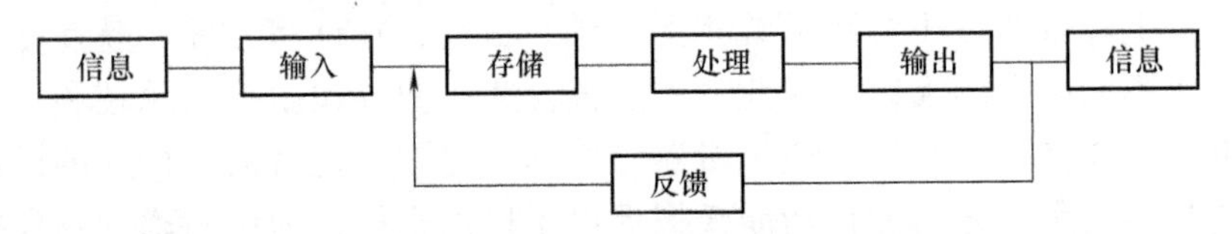

并且认为正是由于信息流的正常流动，特别是反馈信息的存在，才能使系统按预定目标实现控制。

维纳在控制论研究中处处运用这种方法，他在研究人与外界相互作用关系时指出：人通过感觉器官感知周围世界，在脑和神经系统中调整获得的信息，经过适当的储存、校正和选择等过程进入效应器官。这些效应器官反作用于外部世界，同时，也通过像运动感觉器官末梢这类感受器，再作用于中枢神经系统。运动感觉器官所收到的信息又同已经储存的信息结合在一起，影响将来的动作。显然，他始终着眼于信息，把人作用于外界的行为，归结为信息和信息的反馈过程。在他看来，“任何组织所以能够保持自身的内在稳定性是由于它具有取得、使用、保持和传送信息的方法”。

现在我们用信息方法对前面讲的火炮自动控制系统进行分析，就是这样一个信息过程：系统通过炮瞄雷达感知外界信息，经高炮控制仪适当的存贮、校正和选择等过程进入拖动装置和高射炮，跟踪目标，并经过反馈装置把信息再送回来进行比较，以决定下一步的动作。

二、信息方法的作用

1. 信息方法揭露了机器、生物有机体和社会不同物质运动形态之间的信息联系。

在现实存在着的许多复杂系统中，如技术系统中的通信、控制，生物系统中的生命现象，感觉器官与外界的接触，神经中枢与感官之间的联系，大脑的记忆与指挥，人类社会生活中的生产过程和经济管理、交通管理等，看起来它们之间物质构成和运动形态都不相同，用传统方法很难发现它们之间的内在联系，而用信息的方法就可以把它们统统当作是通信和控制系统对待，在它们之中都存在着信息的接收、存储、加工处理和传递的信息变换过程，正是由于这一信息流动过程，才使系统能维持正常的有目的性的运动，从而揭示出它们之间的信息联系。

这样，我们用信息方法不难发现人脑与机器，这两种截然不同的物质运动形态之间的对应关系和共同本质。人脑是100多亿神经细胞组成的，神经细胞可以处于兴奋和抑制两种状态，而电子计算机则是由许多人造神经元组成，相应地有接通或断开两种状态；人脑工作特征是利用神经脉冲，而机器可以利用电脉冲；机器与人脑都具有从外界获得信息，加工处理，传递信息的能力，它们存在着共同的信息联系。因此，可以把它们都看作是一个信息变换的系统，这就为利用机器来模拟并代替部分人脑的功能提供科学根据。

2. 信息方法揭示了某些事物运动的新规律，对过去难以理解的现象做出科学的说明。

生物学史上，对兔子的受精卵为什么一定发育成兔子，而不发育成狗或鱼?这一类亲代如何将遗传性状传递给子代的问题，曾有过两种不同的观点，先成论者认为：在卵子或精子中，早已存在发育成熟的有机体的各种具体性状，就是说在兔子的卵子或精子中已经有一个具体而微小的小兔，后来的生长发育不过是体形的增长和机械地扩大。后成论者用精细的观察证明，在卵子和精子中找不到发展成熟了的有机体的任何具体器官或性状。认为这些性状是通过以后细胞的分裂分化而逐步形成的，它正确地揭示了个体发育是一个发展过程。后成论虽然指出了先成论对这一问题的看法是错误的机械决定论，但并没有正确地回答先成论所提出的问题。现代生物学用信息的概念科学地说明了这个问题。按照遗传的信息理论，原来在兔子的卵子或精子中所包含的是兔子的遗传信息，这种信息随着受精卵的生长发育而复制、转录、转译，最终形成了兔子，不是狗、也不是鱼。这里决定的因素是卵子所获得的是不是兔子的遗传信息，以及在信息变换过程中，传递信息的通道是否不受干扰地畅通无阻，并不断地由反馈信息来控制保证达到生成兔子的预定目标。反之就会夭折或发生畸变。这就科学地解释了受精卵变成兔子的根本原因。

在神经病理学方面，人们发现有许多奇怪的病理现象很难解释，例如；有些病人能用语言正确地表达自己的思想，却不能理解别人说的话。但是，如果把同样的话写在纸上，病人却能正确地理解。在另外一些情况下，病人能正确地理解别人说的话，也能理解写成的文句，可用文字来表达自己的思想，却不能用语言表达出来。特别令人奇怪的是一种对某些语言患有失语症的人的情形。有的病人忘记了一种语言甚至忘掉了本族语言，但却保持了利用外族语言的能力。若用信息的方法就能做出令人满意的说明：原来神经系统中存在着信息流，一个正常的人用感受器接受外来的信息，把它变换为神经冲动，沿神经纤维把神经冲动传递给神经中枢，在神经中枢中把这些信息加以处理并发出命令做出反应，而且神经系统的功能是分别受各种不同信息通道所制约，不同通道对应不同功能。假如与某种功能相对应的信息通道受到损害，使信息流阻塞、中断，那么就会出现以上疾病。有人运用这种方法对健康现象和病态现象进行研究，对不同的信息流进行分类，得出了神经系统功能的损坏是分别造成的结论，加深了对神经系统各种过程的理解，推动了神经生理学的进一步发展。

运用信息方法还可以对某些生物群体活动的现象做出科学的解释，掌握活动规律为人类服务。

俗话说“禽有禽言，兽有兽语”，动物之间特别是群体动物之间存在着某种联系方式，以便使一个生物个体影响另一些生物体的活动，这就是生物通信。人们发现动物之间具有完整的发送和接收信号的通信系统，它们可以利用气味、声音、不同运动姿态、色彩以至超声波电磁场等多种信号来传递信息。

例如：蜜蜂是一种群体活动的昆虫，恩格斯称之为“能用器官工具生产的动物。”它有严密的组织系统和完善的通信系统。当侦察的蜜蜂发现蜜源后，回来用不同的舞蹈和发出长短、高低不同的声音报告蜜源的方向、距离以及花蜜的质量，然后工蜂都来闻侦察蜂身上的花香气味，根据它所提供的信息去采蜜。这就是一个信息的接受、传递过程，离开了信息方法是很难对这一秘密做出科学的解释。

有人运用这一方法对动物通信进行研究，记录了许多飞禽、走兽和昆虫的声音信号，并正在译释各种信号的意思。目前人们已经能利用电子仪器或人工合成的有机物去指挥一些动物的活动，对有害动物或驱逐出一定区域、诱而歼之。目前，已有人根据乌鸦的各种叫声，编成“乌鸦语言辞典”，一播送乌鸦表示惊恐危险的叫声录音，乌鸦就立即飞跑。有的机场设立了“乌鸦”广播站，用来驱散飞鸟，保证飞机安全起飞和降落，还有人制成了电子蜂来指挥蜂群的活动。可以预料，不久的将来，信息技术的发展和应用会极大地提高人类对自然的改造能力。当然了，人类在提高改造自然的能力并追求自身安全舒适的同时也一定要尽可能地减少对整个地球生态环境的负面影响，从而充分合理地利用各种资源，形成良性循环并实现可持续发展。

3. 信息方法又为实现科学技术、生产、经营管理、社会管理的现代化提供了武器。

人们的一切活动，归根到底都是认识世界和改造世界的实践活动。社会生产、科学实验尽管是不同形式、不同领域的实践活动，但都存在着三个共同的流动过程，即劳动力组成的人流，生产资料、劳动资料等组成的物流，以及组织、计划、指导、协调、控制管理以达到预定目标的信息流。图示如下。

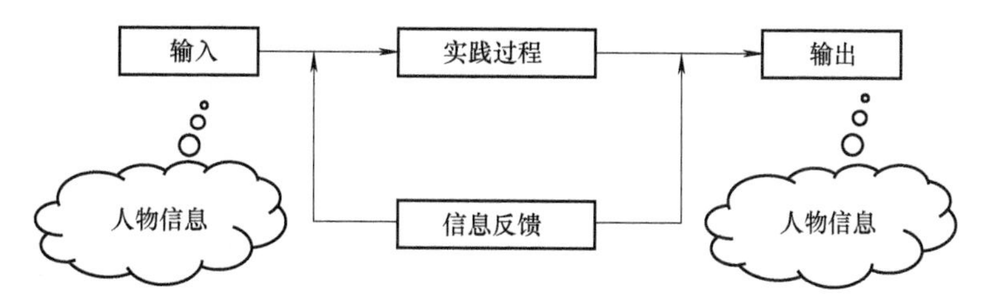

任何一项实践活动都离不开这三股流（人流、物流、信息流）。其中任一流通过程发生堵塞、中断，都将造成实践活动的破坏和停顿。信息在实践活动中有着很大的作用，信息流调节着人流和物流的数量、方向、速度、目标，它驾驭人和物有目的、有规则地活动。许多事实说明，这种方法已为科学技术、生产、经营管理、社会管理的信息化和现代化提供了重要武器。

例如，人们在进行科学技术研究的实践时，必须首先获得有关该项目的科研资料，然后对这些资料进行分析处理，从中得出必要的认识，产生相应的判断，做出计划，着手进行深入的研究，以期有新的发现与认识。用信息方法来分析，即存在着一个获取信息→存储→加工处理→输出信息的信息流。这样我们就可以利用信息处理的机器——电子计算机来参与人们这一实践活动的信息过程，使科学研究的实践活动信息化，加速科研工作的进程，取得更大的效果。人们可用电子计算机组成一个科学技术情报中心，将有关科学技术情报资料形式化、信息化，储存在计算机情报中心，科研人员如需要某项科研的有关资料，只要通过有关的信息网络很快就能得到他所需要的一切有关的文献资料。同样，一个医生如遇到疑难罕见病例，可以拿起电话或网络访问有关医学情报中心的电子计算机网络，便能立即得到满意的答复，并能得到目前最佳治疗方案。目前这种信息方法的运用已随着计算机网络技术及人工智能技术的发展渗透到人们实践活动的许多领域，包括社会生活的各个领域。

与功能模拟方法、信息方法相联系的，还有反馈方法，它也是控制论中的重要方法。什么是反馈和反馈方法呢？**把系统输送出去的信息（又称给定信息）作用于被控对象后产生的结果（真实信息）再输送回来，并对信息的再输出发生影响的过程叫反馈；而把运用反馈的概念去分析和处理问题的方法称为反馈方法。**它是一种用系统活动的结果来调整系统活动的方法。维纳称反馈是控制系统的一种方法。它的特点就是根据过去的操作情况去调整未来的行为。用这种方法来进行控制一般会产生两种不同的效果：①如果系统的给定信息与真实信息的差异倾向于加剧系统正在进行的偏离目标的运动，那么它就使系统趋向于不稳定状态，乃至破坏稳定状态；②如果两者之差倾向于反抗系统正在偏离目标的运动，那么它就使系统趋向于稳定状态。前者称正反馈，后者称负反馈。在控制系统中，一般是用负反馈来调节和控制系统作合乎目的运动。因为，实际上任何一个系统(不论是生物的或机械的)的运动总要受到内部状态或外部环境的影响和干扰，使真实运动状态偏离给定状态，这时系统的确定性就减少，而不确定性增大，反馈就是利用这两种状态的差异来解决系统中确定性与不确定性这对矛盾，使系统达到稳定的有效方法。

在现代科学技术中，反馈方法已得到越来越广泛的应用，取得很大成效。它在工程技术中的应用最早，效果也很明显。近年来在生物学、医学、神经生理学、经济和社会管理方面亦有显著的效果，尤其是在生物学方面。恩格斯曾经说："物体相对静止的可能性，暂时的平衡状态的可能性，是物质分化的根本条件，因而也是生命的根本条件"。而生物体内的稳定和平衡主要是用反馈控制来实现的。因此，自觉运用反馈方法分析生命现象，就能得到许多用传统方法所不能发现的新机制和新规律。分子生物学中乳糖操纵子理论的建立就是成功的例证。它分析了反馈在代谢过程中的作用，认为反馈是细胞中代谢控制的基本形式，反馈能使细胞内各种有机物，保持相对稳定，而且能量与物质消耗最少。在整体水平上还发现，血压、体温、血液中酸碱度、体液中各种电解质的浓度、各种激素的含量都因受反馈控制而保持相对稳定。另外运用反馈方法还找到九套血压反馈回路，并进一步得出高血压的重要原因之一是肾功能的改变而引起的判断。有些控制论学者、生物学家、遗传学家认为运用反馈方法，还可以对生物的自然选择过程做出更本质的解释。

仅就上述几种方法的初步分析，我们可以认识到控制论的方法确实对现代科学技术研究具有重要意义。同时必须指出：控制论的方法不是万能的，它与任何一种方法一样有它的适用范围，它是解决一切有行为目的的通信和控制系统的有效方法。系统越复杂、效果越明显。在实际运用对上述几种方法往往是综合使用，不能截然分开，特别与系统方法的使用十分密切、不可分割。

第四节　系 统 方 法

一、系统与系统方法

人们在日常生活中，经常称这种或那种对象为系统。如称由生物体内能共同完成一种或几种生理功能的器官总体为生理系统（如：消化系统、呼吸系统等）。细胞是一个由细胞核、细胞质、细胞膜以一定的结构组成，表现生命现象的基本结构和功能的系统。一个战略导弹则是由弹体、弹头、发动机、制导、外弹道测量和发射等部件组成的技术系统。一个综合的钢铁联合企业，是由矿山开采、选矿、冶炼、轧钢、剪切、包装、运输等许多部门、环节组成的生产、经济管理系统。还有交通系统、电力系统、环境保护系统等等。如果撇开这些系统的生物的、技术的、经济的具体物质运动形态，仅仅从整体和部分（要素）之间的相互关系来考察，不难发现它们都具有以下三个共同点；即它们都是一个有若干部分（或要素）以一定的结构相互联系而成的有机整体；这些相互联系的整体可以分解为若干基本要素（部分，环节）；这一整体具有不同于各组成部分的新的功能。我们称这种由相互作用和相互依赖的若干部分（要素）组成的具有确定功能的有机整体为系统。

所谓系统方法，就是把对象放在系统的形式中加以考察的一种方法。具体来说，就是从系统的观点出发，始终着重从整体与部分（要素）之间，整体与外部环境的相互联系、相互作用、相互制约的关系中综合地、精确地考察对象，以达到最佳地处理问题的一种方法。它的显著特点是整体性、综合性、最佳化。

整体性是系统方法的基本出发点，它把整体作为研究对象，认为世界上各种对象、事件、过程都不是杂乱无章的偶然堆积，而是一个合乎规律的、由各要素组成的有机整体。这一整体的性质和规律，只存在于组成其各要素的相互联系、相互作用之中，而各组成部分孤立的特征和活动的总和，不能反映整体的特征和活动方式。因此，它不要求人们像以前那样，事先把对象分成几部分然后再综合起来，而是把对象作为整体对待，从整体与部分相互依赖、相互结合、相互制约的关系中揭示系统的特征和运动规律。如由人群、山川河流、树木花草、大气环境、污染源（化工厂、制药厂）等组成的生态环境保护系统的性能和活动规律，只存在于组成系统的各要素之间相互联系、相互作用、相互制约的关系中，单独研究其中任一部分都不能揭示其规律。

综合性是系统方法的又一特点，它有两重含义：一方面认为任何整体（系统）都是这些或那些要素为特定目的而组成的综合体；另一方面要求对任一对象的研究，都必须从它的成分、结构、功能、相互联系方式、历史发展等方面，进行综合的系统的考察。

最佳化原则是运用系统方法所能达到的目标。这一点是任何传统方法所不能做到的。它根据需要为系统定量地确定出最优目标，并运用最新技术手段和处理方法把整个系统分成不同等级和层次结构，在动态中协调整体与部分的关系，使部分的功能和目标服从系统总体的最佳目标，以便达到总体最佳。例如，对一个水利枢纽系统的设计和控制问题，系统方法可以根据所在地区的气候、气象、地质、地理等环境条件与系统的关系，以及需要与可能，为该系统确定一个最佳目标；研究这个系统的结构组成，确定这个大系统如何分成若干子系统，如拦洪、灌溉、发电、航运等系统；每个子系统又如何划分成更低一级的分支系统，如灌溉系统又是由不同等级的渠道所组成，以便逐级进行最优处理，然后在最高一级统一协调，求得整个系统的最佳化。这种方法可以借助计算机又快又准确地提出设计、施工、管理的最优方案。

从以上三个特点的分析中可以看到，系统方法是一种立足整体、统筹全局、使整体与部分辩证地统一起来的科学方法，它将分析和综合有机地结合，并可以运用数学语言定量地、精确地描述对象的运动状态和规律；它为运用数理逻辑和电子计算机来解决复杂系统问题提供了可能；为认识、研究结构复杂的系统确立了必要的方法论原则。它也是辩证唯物主义关于事物普遍联系和运动学说的具体体现。

二、系统方法的形式

系统方法的产生绝不是偶然的，首先是生产实践和社会经济活动发展的客观要求。随着生产力的发展和自然资源日益减少，人的劳动过程日趋复杂化，必须使劳动过程对周围自然界不良影响缩小到最低限度。因此，如何组织管理生产活动从而更有效地使用自然资源就成了非常突出的问题。解决这类问题涉及面较广，往往是全局性的，甚至是全国性、全球性的。如人口的控制、粮食和能源的供应、生态平衡和环境保护等，传统的方法对解决如此庞大复杂系统的问题无能为力，需要应用系统方法才能得到解决。随着现代科学技术的发展，特别是电子计算机渗透到各个领域，促使了自然科学以及社会科学的形式化、数学化，而社会科学研究的对象相比自然科学的研究对象要复杂得多。为了运用数学研究现实对象，必须把对象看作系统，对给定对象进行数学模拟。同时，现代科学技术革命中出现的科学技术知识情报量的迅猛增长和掌握情报的有限性的矛盾的解决亦需要系统方法。据统计，由于现代科学技术情报量的迅猛增长的结果，使科研人员开始独立工作的平均年龄由过去的20岁左右增至25岁左右才能掌握必备的科学知识。从发展趋势看，今后还将继续提高。运用系统方法对情报、知识进行系统的改造，就可以使人们掌握必备的知识，而舍弃许多无关的东西，这样可以大大缩短掌握知识和利用情报的时间，使科研人员有可能在较年轻的时候掌握必需的知识，开始较有成效的科学研究工作，从而对这种平均年龄继续增长的趋势起抑制作用。

其次，系统方法的产生是人类理论思维、科学研究方法发展的必然结果。它反映了现代科学思维在结构上和方法上的深刻变动。从历史上看，无论在中国古代还是古希腊、古罗马，都早就有系统概念和系统方法的萌芽。亚里士多德的“整体大于它的各部分总和”的论点，至今仍然是基本系统问题的一种表述。在我国古代工程技术史上，战国时期秦国太守李冰父子主持修建的四川都江堰水利工程，是由“鱼嘴”岷江分水工程、“飞沙堰”分洪排沙工程、“宝瓶口”引水工程三项巧妙地结合而成，分导了汹涌急流的岷江，使它驯服地有节制地灌溉十四个县五百余万亩农田。其规划、设计、施工的科学水平，已蕴含了“系统方法的萌芽”。当然，系统方法从经验上升为理论，并被推广采用，是20世纪40年代后的事。尤其是运筹学的建立和电子计算机的产生和运用，才为系统方法的形成提供了现实的可能。第二次世界大战期间，在一些尖端科学研究和军事部门中，往往把系统作为研究对象，有一些科学家、工程师几乎同时在不同部门采用系统方法来处理问题，维纳就是最早运用系统方法处理问题的先驱者之一。他发现在研究生物有机体和非生物的技术结构这两种截然不同的物质运动形态中，都存在着的共同的通信和控制关系，因此他完全抽去了具体的物质运动形态，而仅仅把它们看作由部分组成的整体即系统来对待，创立了统一的语言和概念来描述这两种完全不同系统中的通信和控制关系，在控制论中他具体运用了系统方法，打开了人们的视野，为系统理论的创立奠定了基础。与此同时，奥地利生物学家贝塔朗菲（L. V. Bertallanfy）把系统作为研究对象，对各种现实的系统进行考察，找出系统的共同本质，他认为撇开系统具体的物质运动形态"存在着适用于综合系统和子系统的模式、原则和规律"。他把系统方法上升到理论高度，从而创立了普通系统论这门新科学。目前，这门学科已作为现代科学方法论的一种新流派出现于国际学术界，引起人们广泛重视。有人认为"系统论研究的方法论对现代科学具有根本意义"。"**系统论是当前科学技术革命发展的主要特征之一，是社会高度发展的重要标志之一**"。

20 世纪 50 年代产生的系统工程，就是具体运用系统方法去解决组织管理这一实际问题的突出成果。它是对系统进行预测、规划、研究、设计、制造、试验和使用的一种科学方法。系统工程的含义不同于电机、水利等工程，而是提供决策、制定方案、程序等，以便实现最佳设计、最佳控制和最佳管理。可以说*系统工程侧重于提供"软件"，而一般工程是侧重制造"硬件"*。这门关于组织管理学科的出现，使系统方法在军事、经济、科学技术、文教和社会管理等许多领域得到更为广泛的应用，效果十分显著，这就更引起人们对系统方法的普遍关注。20 世纪 60 年代以来，国外系统研究发展迅速，出现了"系统研究的高潮"。

三、系统方法在科学研究中的作用及意义

1. 系统方法是研究复杂系统的有效工具。

当代科学研究对象规模之大、数量之多、结构之复杂是前所未有的，在许多情况下往往要把整个工农业生产、国防、科学研究、交通运输、经济计划管理、生态和环境保护等作为一个大系统来研究。这不仅突破了自然科学各门学科的界限，而且突破了自然科学与社会科学的界限，这个系统是动态的，不仅要研究现状，还要预测将会发生事件的影响。系统中存在的许多信息需要做最佳处理。对于如此庞大且复杂的系统进行研究，以往传统的方法就显得无能为力。系统方法却为复杂系统的分析、设计、研制、管理和控制的最优化提供了有效手段，而且系统越复杂其效果越明显。例如：我们应用系统方法去规划管理某科研项目，先

根据国家需要，用系统方法初步探索有可能进行的研制目标，提出若干粗略的研制方案，分别做出一般技术说明，估算出大致的研制费用及日程，这里尽可能做出模型利用电子计算机模拟该系统的实际状况或进行辅助性计算，对这些不同方案进行评价对比，做出决策，选出最佳方案；根据这个决策方案进一步做出完成作业流程图；在执行该项目时，如果其中某部分的设计、材料、设备等有变化，则必须反复修改原定流程图，直到最佳化为止。在这方面成功的例子就是美国阿波罗登月计划的实施，该计划组织了2万多家工厂和公司，120多所大学，动用42万人，共有700多万个零件，耗资300多亿美元，对这么一个内容庞杂、规模巨大、成本昂贵的科研生产项目，如何组织安排人力、物力、财力、设备、资金，以期最经济、最有效地达到预定目标？这是以往任何一种传统方法不可胜任的，只有运用系统方法才使整个工程协调一致地工作，如期地完成任务。

目前，系统方法不仅被运用解决电力、通信、交通、国防系统等管理方面，而且对于解决国民经济的组织管理方面也是卓有成效的。系统方法已成为研究复杂系统，实现现代化管理的有效工具。

2. 系统方法为现代科学研究和科学理论整体化提供了新思路。

系统方法摆脱了把对象先分割成部分然后再综合的传统方法的束缚，它从整体出发，从部分与整体的联系中，揭示整个系统的运动规律。环境污染问题的解决可以生动地说明这一点。人们对公害事件进行调查，从公害病追到环境，从环境追到污染源，发现公害病的产生与污染源排出的污染物在环境中迁移转化有着密切关系，而且这种迁移转化是随机过程，它对人群健康的影响亦是随机过程。只有把公害病、环境和污染源作为一个整体对待，进行分析，才能找出引起公害病的根源和解决办法。孤立地分析任一因素是很难找到真正原因和有效根治办法的。20世纪60年代前，在英国，由于没有把环境问题作为一个整体，而只进行单项治理，泰晤士河西岸某些工厂，为了减轻大气污染，采用石灰水吸收烟气中的二氧化硫，结果把形成的硫酸钙排入河中，使大气污染转变为水污染。20世纪60年代以后，运用系统方法处理问题，从整体出发进行综合治理，通过对能源结构和工艺的改革把“三废”消灭在生产过程中。如果在工业建设之前，运用系统方法把环境、污染源、人群作为一个整体对待，那么污染问题就可以在规划中得到合理解决，从根本上消灭污染。此类教训对我国目前治理大气雾霾及其他环境污染具有重要的借鉴意义。

在医学科学中，中医的诊断和治疗强调整体观念，它用系统方法，把人、病、症结合起来统筹考虑。不仅把某一器官、某一部位的疾病与病人的整体作为复杂系统对待，而且还把人与周围环境作为一个大系统联系起来，考虑对疾病的影响，进行综合治疗。往往是同一种病却用不同的方剂。祖国医学从几千年的实践中总结出丰富的辩证思想，认真总结中医学中系统方法，不仅对医学而且对现代科学技术的研究也能起到积极的促进作用。

运用系统方法，把整个科学作为研究对象，从总体上研究其组成、结构体系以及各部分之间的关系，各学科的产生和发展、分化和渗透，整个科学体系的运动变化规律，认识其发展趋势。这样就能做到统观全局，及时抓住苗头，提出新学科或带头学科，以便采取措施，组织力量，突破重点，带动全局。我国科学家钱学森多年来倡导系统方法，提出“科学技术体系学”，把整个科学技术作为一个整体，分成五个组成部分，即自然科学、科学的社会科学、技术科学、工程技术、数学，并试图从总体上研究它们之间的相互关系和发展规律。在国外也有不少人提出了“科学的结构学”“科学的整体化”等概念并且做了一些较为深入的研究，这些都是很有意义的探索。

通过以上分析不难发现，控制论方法、系统方法的产生和发展，与电子计算机的诞生，现代科学技术发展的特点以及理论发展的整体化趋向密切相关。几百年来，近代科学技术发展的趋势是科学分化占主导地位，而现代却表现出综合占主导地位的趋向。科学与技术、各门学科之间彼此渗透，紧密联系，使科学技术逐渐形成统一完整的科学体系，形成了一些共同的语言、概念和方法，彼此相互促进，使每一门学科只有在整个科学体系的相互联系中才能得到重大发展，从而导致了现代科学技术发展一体化以及理论体系的整体化趋势。

现代科学技术发展的这一特点，要求人们把全部自然科学及其每一个研究领域都作为一个完整的系统或过程的集合来加以考察。今天的自然科学家，不论自己愿意与否，自然科学的发展趋势以不可抗拒的力量推动着他们从整体上、从相互联系中去考察客观事物，这就是说必须采用辩证思维的方法，否则，就会在大量新的经验材料面前束手无策。控制论、信息论、系统论正是在这样的背景下应运而生。它们从不同侧面揭示了客观物质世界的本质联系，为现代科学技术的发展提供了新思路、新方法。

新方法的运用，有利于打破各门自然科学之间的界限，并沟通了自然科学与社会科学的联系。它使人们摆脱传统方法的束缚，为研究动态问题、活的有机体和复杂系统提供了新的认识工具，为解决一切具有行为目的的通信和控制系统找到了有效方法。

恩格斯早就明确指出：在自然科学中“从形而上学的思维复归到辩证的思维”是不可避免的。列宁也指出：自然科学正在曲折地、自发地“走向唯一正确的方法和唯一正确的自然科学的哲学”。现代自然科学的发展，特别是控制论、信息论和系统论的产生和发展证实了这个光辉预言。

参 考 文 献

[1] 倪光炯，王炎森，钱景华，等．改变世界的物理学 [M]．上海：复旦大学出版社，1998.

[2] 赵凯华．谈谈物理学与自然科学中姐妹学科的关系 [J]．物理，1997，26（12）：755-756.

[3] 蔡志凌，何永远．关于物理教师适应新教材的教学思考 [J]．物理通报，2003（33）：21-23.

[4] 自然辩证法讲义编写组．自然辩证法讲义 [M]．北京：人民教育出版社，1979.

[5] 中国科学技术大学，中南矿冶学院，大连工学院，等．自然辩证法原理 [M]．长沙：湖南教育出版社，1984.